「日本車」の品格

宇佐美洋一
埼玉大学経済学部教授

元就出版社

まえがき

『国家の品格』、『女性の品格』といった本がよく売れているそうである。本書は、別にそれらにあやかったつもりではない。筆者は、現代産業の一研究者として、日本の自動車産業の歴史・現状などを大学で教え、また研究してきた。特に最近では、日本の自動車メーカーやそこがつくるクルマのブランドの問題に関心を寄せてきた。そのうち、日本人はクルマという身近で重要な耐久消費財の、ある意味でブランドの核心である品格というものを一体どのように捉えているのだろう、またどうしてそのようなクルマの品格を考察した文献が、筆者の知る限りいまだに存在しないのだろう、と思うようになった。

確かに、特定メーカーの品格に関する文献は、まったくないということはない。ただし、すべての日本のメーカーやそれらのクルマの品格を視野に収めた文献は、いまだ見たことがない。こうしたことが、本書を執筆しようと思い立った最大の動機である。

本書は、基本的に現在クルマに乗っておられる方、またはこれからクルマの購入を考えておられる方のために書かれた啓蒙的一般書である。そのため、読んで面白い、読んで分かり易いということをモットーとしている。と同時に本書は、大学などの講義やセミナーでテキストや参考書として使用するのにも耐えられる、学術書としての性格をも併せ持っている。現代日本の自動車産業史にとって、重要なファクト・ファインディングス（事実の発見）を含んでいるからである。読者は、本書を読まれて、何かしら目を見開かされる思いをされるであろう。いずれにせよ、読者には本書を楽しんで読んでいただければ、筆者にとって幸せこの上ない。

筆者は、子供のころからクルマが大好きで、もの心がついた昭和三〇年代このかた、実に多くのクルマを観察してきた。まさに、日本の自動車産業の発展を目の当たりにしてきたのである。さらに、一八歳で運転免許を取って以来四〇有余年、様々なクルマを保有し、また乗ってきた。それらのクルマの思い出を綴れば、一冊の本ができ上がるくらいである。日本のクルマを論評する資格は、十分あるであろう。

ちなみに、本書では日本のクルマのことを「日本車」と鉤括弧付きで表現しているが、その理由は、本書全体を読んでいただければお分かりになると思う。このため、書名も『「日本車」の品格』とした。

本書を読まれたクルマ好きな方は、筆者のクルマに対する考え方が、自動車評論家である徳大寺有恒氏（本名＝杉江博愛氏）の考え方に似ていると思われるかもしれない。それもそのはずで、一九七六（昭和五一）年の秋、徳大寺氏の出世作『間違いだらけのクルマ選び』（草思社）を読んだ時、筆者は「世の中には、よく似た考え方をする人がいるものだなぁ」と正直なところ驚いた。以来三〇年間、『間違いだらけ……』シリーズを読み続けた。そのため、筆者の研究材料としてよい勉強になったが、その『間違いだらけ……』も二〇〇六（平成一八）年一月刊行の最終版をもって終了した。筆者にとっても感慨深いものがある。徳大寺氏には慰労と感謝を申し上げたい。

同様に、フォトジャーナリストで自動車評論家の三本和彦氏は、すでに終了したが、以前「新車情報」（テレビ神奈川）というTV番組の司会をされていた。筆者は、この番組の中で見せる三本氏の、その時折歯に衣着せぬ辛辣《しんらつ》な批評にも多大な刺激を受けた。ここに、併せて謝意を表する次第である。

本書は、お陰さまで好評の拙書『現代日本の自動車産業とサービス産業』の第一部「現代日本の自動車産業――『日本車』はどうして生まれたか？――」をベースにしている。そもそも、この第一部にはすでに「日本車」の品格に関する重要なサジェスチョン（示唆）が含まれている。その点で、これを本書のベースとするのにうってつけと思ったからである。文章もかなり転用している。そこのところは、先の拙書の出版元である成文堂にはご理解とご了承をお願いしたい。

ところで、本書における表記法であるが、いくつか注意をしておきたい点がある。

まず第一に、読み方が難しいと思われる漢字にはすべてルビを付した。若い読者、特に学生諸君は本当に漢字が読めないからである。受験の際、漢字は一応勉強したのだろうにといつも思うのであるが。

次いで第二に、文語体的表現はなるべく少なくしようと努めた。若い読者にとっては、そのほうが読み易いだろうと考えたからである。しかし、文章にそれこそ品格を持たせるためには、ある程度用いざるを得なかった。

第三に、外国語のカタカナ表記は、「サービス」などのようにすでに定着してしまっているものは別として、厭味にならない程度に、なるべく原音に近い表記を採用した。これは、筆者の持論である。例えば、ｖａ、ｖｉ、……などは、ヴァ、ヴィ、……などと表記した。

第四に、これも外国語のカタカナ表記の問題であるが、単語と単語の間につけるいわゆる中黒「・」の使い方である。これについては、まずクルマの名称には、固有名詞であるからなるべくそれに忠実に、またクルマの種類とかメカニズム、および普通名詞には、特に原則はなく、読者の読み易さを考えて適宜つけている。外国人名には姓と名を分ける際につけた。

そして第五に、「言う」「付く」「造（作）る」は、すべてひらがなの「いう」「つく」

「つくる」に統一した。

さらに、本書では注を一切記していない。これも、読者にとってそのほうが読み易く、親切だろうと考えたからである。一般に、注記の多い文献や論文のほうが学術的に優れているというような妙な風潮がある。中には、本文より注記の分量のほうが多いのではないかと見まがうものもあるが、それはいかがなものかと思う。ただし、筆者は注記の役割を別に否定するものではない。

また、索引についても、目次を見ればどこに何が書いてあるか大体分かるので、予想される利用頻度と照らし合わせて、割愛することにした。

本書の執筆には、もちろん細心の注意を払ったつもりであるが、何しろ難しく、またある意味で主観的なテーマを扱っている。思わない間違いや勘違いを犯している箇所もあるかもしれない。読者諸賢の忌憚《きたん》のないご指摘もしくはご意見をお寄せいただければ幸いである。

ちなみに、本書には写真があったほうが分かり易いのでは、というご意見の方もおられるかもしれない。しかし、本書ではあえて写真は一切入れないことにした。その理由は、入れ始めるときりがなく、写真集のようになっても困るからということと、パソコンをお持ちであれば、インターネットを通じて大概の画像情報に容易に接することができるからである。

最後になるが、本書のベースとなった前掲の拙書を執筆するに当たっては、率直なお話を聞かせて下さり、また貴重な資料や写真を賜ったトヨタ自動車株式会社社会貢献推進部・沖野嘉幸氏、日産自動車株式会社広報・CSR部・中山竜二氏に、この場を借りて改めて厚くお礼申し上げたい。

平成二一年六月

宇佐美洋一

【「日本車」の品格—目次】

まえがき　3

第一章　クルマの品格の概念　13
第一節　クルマと品格　14
第二節　「日本車」と品格　18

第二章　耐久消費財としてのクルマ　23

第三章　日本の自動車産業の変遷　31
第一節　明治・大正・昭和初期　32
第二節　戦後から現在　34

第四章　現在の自動車業界　39
第一節　これからのクルマの課題　40

第二節　合従連衡の嵐――吸収・合併と提携と――　48
第三節　グローバリゼーション――輸出と直接投資と――　52

第五章　強大トヨタとトヨタ車の品格　57
第一節　トヨタの概略　58
一　トヨタと「日本車」と品格
二　波乱に満ちたトヨタの略歴
第二節　トヨタの強さの源泉　63
一　世界が注目する「トヨタ生産方式」
二　卓越したマーチャンダイジング能力
三　トヨタの今後の問題点
第三節　トヨタ車の品格（レクサス車を含む）　70

第六章　日産の敗因とその帰結　77
第一節　トヨタ対日産――バトルの構図――　78
一　日産自動車の創設

二　第一ラウンド（BC戦争）
三　第二ラウンド（CS戦争）
第二節　バトルの帰結と「日本車」の成立・品格の形成　88
第七章　日産の再生（？）と日産車の品格　93
第一節　日産のかつての問題点　94
第二節　ゴーン改革　99
第三節　日産車の品格　105
第八章　ホンダ・その他のメーカーとクルマの品格　111
第一節　ホンダの躍進とホンダ車の品格　112
一　ホンダの躍進
二　普通乗用車メーカーまでの苦難
三　ホンダのディレンマ
四　ホンダ車の品格
第二節　その他のメーカーとクルマの品格　124

一　マツダとマツダ車の品格
二　三菱と三菱車の品格
三　スバルとスバル車の品格
四　スズキとスズキ車の品格
五　ダイハツとダイハツ車の品格
六　かつてのいすゞ・日野といすゞ車・日野車の品格

補　章　「日本車」の品格——将来展望——　139

参考文献　152

第一章
クルマの品格の概念

第一節　クルマと品格

言語とは、いかに美辞麗句を並べようとも、論理的には最終的にトートロジー（同義反復）である。こういうゲームがある。複数の人が、ある言葉の意味を辞典で調べてゆく。その意味の説明の中のある言葉を選び、それをまた辞典で調べてゆく。その意味の説明の中のある言葉を選び、またまた辞典で調べてゆく。こういうことを何度も繰り返す。すると、その意味の説明の中にそれまでに調べた言葉が必ず現れる。そして、一番早くそれまでの何らかの言葉にたどり着いた人の勝ち、というゲームである。

「品格」という言葉も、こうしたトートロジーに陥り易い言葉のひとつであろう。品格によく似た言葉は結構あるからである。例えば、品位、品性、気品、風格、威風、威厳、……などがそうであろう。したがって、本書では以下、品格という言葉はそうした一群の似たような言葉の代表として用いることをご了解願いたい。

ところで、品格とは、経験的には通常、人間もしくは人物の評価に関して使われる言葉である。「あの人は品格がある」といったような使い方がそうである。堂々として立派な、あるいは逆にすがすがしい清楚な外見面であるとか、または、言動にそこはかとなく表れる、知性、教養、良識、人徳、人間性、気高さ、誠実さ、優しさなどという資質面を指してそのように表現する。

それでは、なぜ無機質の輸送の道具に過ぎない自動車、とりわけ乗用車（以下、これについては「クルマ」という用語を多用する）の品格を問題とするのか。

それは第一に、クルマが極めて人間臭い道具だからである。

まず、人間がクルマの購入の選択をするわけだから、選択にはその人の品格がもろに反映される。えてして品格の高いクルマには品格の高い人が乗り、品格の低いクルマには品格の低い人が乗っているものなのである。加えて、その人が主に運転するわけであるから、クルマの挙動にさえその人の品格が表れる。おとなしくジェントルな運転をする人もいれば、乱暴なあるいは意地汚い運転をする人もいる。こういうところにも、その人の品格が正直に表れる。

また、クルマは立派な趣味の対象として、その人の品格を表わす場合もある。このように、それを使う人の品格が素直に反映される耐久消費財は、クルマをおいて一体他にあるだろうか。

さらに第二に、人間と同じようにクルマにも外見面と資質面とが存在する。まず、外見というものを考えてみると、クルマにとってボディ・デザインとインテリア（内装）・デザインというものが非常に重要である。インテリアはクルマの内部ではあるが、これも見た目であるから、ここでいう外見のカテゴリーに属する。

クルマは一種のファッション商品である。何か事情のある人は別として、クルマの選択購入は八割がたボディ・デザインで決まってしまうといっても過言ではない。クルマを購入する人は、何とかクルマのボディ・デザインで自分らしさを表現しようとする。

逆にいえば、購入者の好みそうなクルマのボディ・デザインを創り出したメーカーは、それだけクルマを多量に売ることができる。ただし、売れるボディ・デザインのクルマが必ずしも品格のあるクルマだとは限らない。これも人間同様、品格の高いボディ・デザインと品格の低いボディ・デザインとがあり得る。このことが、そのクルマに乗る人が品格のある人か、そうでない人かを周りに教えてしまうのである。

だから、ある意味ではクルマのボディ・デザインというものは恐ろしい。インテリア・デザインも、ボディ・デザインほどの重みは持たないが、品格のあるデザインとそうではないデザインとがある。クルマの外見に関して勘違いしては困るのは、何も威風堂々としたクルマだけが品格のあるクルマではないということである。スポーティなクルマ、キュートなクルマなどでも品格のあるクルマは存在する。しかも、威風堂々としていても、品格に欠けるクルマさえあるのである。

次に、クルマの資質とは、そのクルマの性能や機能などのパフォーマンスのことである。

性能や機能といっても、単にエンジンの出力が大きいとかトルクが太いとか、乗車可能人数が多いとか、乗り心地がよいとか、静粛性《せいしゅく》が高いとか、運動性能がよいとかなどというだけではなく、後述するような現代のクルマに負わされた様々な課題、すなわち小型化・軽量化、燃費向上、環境対策、安全性、インテリジェント化、次世代動力などという課題について、何らかの方向性やサジェスチョンが示されているか、いないかということである。そうした方向性やサジェスチョンが示されているクルマが品格の高いクルマ、そうでないクルマが品格の低いクルマである。

今日、すべての日本の自動車メーカーが前記のような課題に対する回答を出そうと必死になっている。その中で、トヨタ自動車（以下、特定の場合を除きトヨタと略称）が、以前からプリウスを嚆矢《こうし》として、その後多くのハイブリッド車（後述参照）を輩出させ、燃費向上、環境対策、次世代動力などの点で一頭地を抜いている。

そして、ハイブリッド車に関しては、本田技研（以下、同じくホンダと略称）が最近トヨタを猛追している。これに対して、トヨタとは長年のライヴァル関係にあった日産自動車（以下、同じく日産と略称）は、またしてもトヨタに遅れを取った。このことは、両社のテレビCMにも如実に表れている。

日産は、せいぜいCVT（無段変速機）による燃費向上ぐらいしか宣伝できない。また、各メーカーのつくるコンパクトカーもすこぶる燃費がよくなり、軽自動車並みになったし、クルマの排出ガスもおしなべてきれいになった。誰がいい出したのか、燃費に優れ、環境に優しいクルマのことを一般に「エコカー」と呼ぶようにもなった。いい換えれば、今日的意味で、エコカーは品格のあるクルマの代名詞であるともいえよう。

第二節　「日本車」と品格

われわれは、よく「日本車」という言葉を使う。もちろん、それは「外車」と対比して使われる言葉ではあるが、もともと日本のクルマが特定の性格を有しているからこそ、そういえるのである。しかしながら、その「日本車」なるものを厳密に定義しようとすると、なかなか難しい。

一般に、可もなく不可もない保守的で凡庸なボディ・デザイン（これが、「日本車」がヨーロッパ市場でなかなか受け入れられない大きな理由でもあるが）、一部は豪華ではあるもののどこか垢抜けないインテリア・デザイン、傑出してはいないが十分な性能と機能、小型で軽量な車種が多く低い燃費、高度な生産技術に裏づけられた高い品質と信頼性、そして性能と品質に比べ相対的に安い価格、といったところか。こうした「日本車」がなぜ成立するに至ったかの経緯、ならびに「日本車」と品格の関係については後に詳しく述べるとして、ここでは「日本車」と品格について序論的に簡単な説明をしておこう。

その前提として、二点ほど注釈しておきたい。

まず、本書で扱うクルマがなぜ「日本車」に限定されるのかについてであるが、その理由は、本書の読者である日本人のほとんどが「日本車」に乗っているか、「日本車」に関心を持っている方たちであろうからと、また外車まで範囲を広げると本書の数倍の文章量を要し、とても紙幅《しふく》が足りないからである。

次いで、なぜ「日本車」が鉤括弧つきのままであるのかについてであるが、それは「日本車」がある歴史と特性を背負った特殊な存在であることを読者に強く訴えたいと考えるからである。だからこそ、「日本車」の品格を問題にしたいのである。このことは、本書を読み進むにつれて明らかになるであろう。

日本のクルマが大きな飛躍を遂げるのは、後にも述べるように一九五五（昭和三〇）年のことである。この年、トヨタからはトヨペット・クラウンＲＳ型、日産からはダットサン１１０型という本格的乗用車が発売される。ただし、一九五〇年代後半までは、まだ日本のクルマの品格がどうのこうのと論評できる時代ではなかった。日本のクルマの品格が問題になるのは、一九六〇年代に入ってからである。

その一九六〇年代の一〇年間に、当時二大メーカーであったトヨタと日産との間で、クルマの品格に関する考え方が乖離《かいり》してくる。かたやトヨタは、クルマの品格を購入者である当時の日本人の意識レヴェルに合わせてくる。かたや日産は、クルマの品格を当時の最高・最新の技術レヴェルに合わせてくる。この差は大きい。しかし、結果的に勝利したのは、実はトヨタであった。何と、技術がマーケティングに負けてしまったのである。

こうした経緯から生まれたのが、本書でいうところの「日本車」なのである。したがって、「日本車」の鉤括弧は、「日本車」成立に関わるトヨタの「陰」と考えていただいてもよい。

かくして、「日本車」は半ば奇形のまま発展を遂げてゆく。その奇形は、同時に当時の日本人の品格の奇形でもある。当時の日本人にとっては、まだクルマは高嶺の花であったし、だからこそ、それを買った人ないし家庭はクルマを自慢したがり、「ハッタリ」というとそれこそ表現が下品だが、クルマに見栄を張りたがった。そして、そこにうまく入り込んだのが、当時技術では日産に劣っていたがマーケティング、とりわけマーチャンダイジング（商品企画）に長《た》けたトヨタであった。

トヨタは、クラウンを筆頭として自社のクルマになるべく品格「めいた」性格を与え続けた。「めいた」というのは、それが本当の意味で品格と評価できるかどうか怪しいからである。一方の日産にはそうした意識は薄い。当時の日本人は、堂々として立派で豪華に見えるトヨタ車のほうを受け入れた。

一九七〇年代から八〇年代と時が経つにつれ、トヨタと日産以下の各メーカーの売り上げシェアは開いてゆく。すると、日産以下の各メーカーは、生き残るために、必然的にトヨタ車的な意味での「品格」のあるクルマづくりをしなくてはならなくなる。その結果、同じようなクルマがこの日本に溢れ、ここにいわゆる「日本車」なるものが成立することになるのである。

しかしながら、また時が経ち、クルマが日本中の各世帯にゆきわたるにつれ、先に述べたような新たな課題が浮上し、クルマに求められる品格の性格も変わってきた。一九八〇年代半ばには、トヨタは技術的にも日産に追いつくと、高級車のセルシオ（アメリカ名＝レクサスＬＳ４００）という真に品格のあるクルマを世に問い、日産を引き離す。そして、一九九〇年代後半には、新たな課題へのひとつの回答として、ハイブリッド車プリウスを誕生させた。トヨタのこうした変身は見事である。ただし、トヨタ車には相変わらず品格「めいた」クルマがまだ多いこともよく認識すべきであろう。

再度強調する。現在の「日本車」の品格とは単なる外見やパフォーマンスだけではない。新たな課題に果敢に挑戦する姿勢を見せているクルマこそ、本当に品格のある「日本車」といえるのである。

第二章
耐久消費財としてのクルマ

一九四五（昭和二〇）年八月一五日、日本は連合国に無条件降伏し、四年近く続いた大東亜戦争（太平洋戦争）は終結した。以来六〇有余年、もはや「戦後」という言葉も死語に近くなった。

戦後の荒廃から立ち直ろうとする日本にとって、最大の障害は原料・エネルギーなどの不足であった。特に、石炭、鉄鋼の不足は深刻で、これらを優先的に生産しないと先には進めない状況であった。現在の石油大量消費からは考えられないが、石炭はいまだ多くの産業にとって重要なエネルギー源となっていた時代であった。そこで、政府はまずこれらの資源を優先的に増産するいわゆる「傾斜生産方式」（有沢広巳構想）を採用し、産業の基盤から整備を始めた。

加えて、一九五〇（昭和二五）年に朝鮮戦争が勃発し、この戦争は約三年間続いた。そして、それは疲弊に喘ぐ日本の産業界にとって大きな追い風となったのである。この時、アメリカは日本を自らの軍の兵站《へいたん》基地と考えていた（在日兵站司令部設置）ので、当初は鋼管、セメント、軍服、軍用毛布、食品、その他多くの軍需物資などと車両修理に需要が発生し、さらには一九五二（昭和二七）年のGHQ（連合軍総司令部）覚書によって、兵器や砲弾などの生産や航空機の点検・修理も許可され、日本の製造業はしだいに復興するとともに、アメリカの最新技術も学んでいった。

戦後も一〇年経った一九五五（昭和三〇）年以降になると、いわゆる日本経済の高度成長が始まる。そして、国民所得も増大してゆき、アメリカよりかなり遅れて日本でも耐久消費財の普及が始まる。これらは「三種の神器」（白黒テレビ、電気洗濯機、電気冷蔵庫）とか「三C」（カラーテレビ、クーラー、乗用車・カー）などと呼ばれ、家庭生活を豊かなものにした。

このことに相応して、家電業界、自動車業界も大きく発展を遂げ、その後、製造業のリーディング・セクター（基幹部門）となってゆく。乗用車の流れ作業生産方式が始まるのも昭和三〇年代初めごろからで、昭和三一年のトヨタ自動車がその嚆矢であり、これが後に述べるトヨタ生産方式へとつながってゆく。それに伴い、これらをつくる部品や産業機械などのメーカーも育成されることとなった。

ちなみに、当時の経済企画庁（現在の内閣府）「消費者動向予測調査」の耐久消費財普及率（非農家世帯）によれば、昭和三二年から昭和四〇年の間に、白黒テレビは七・八パーセントから九五・〇パーセントへ、同じく電気洗濯機は二〇・二パーセントから七八・一パーセントへ、同じく電気冷蔵庫は二・八パーセントから六八・七パーセントへと急増した。また、同資料によれば、昭和四〇年から昭和五〇年の間に、カラーテレビは「数値なし」から九〇・九パーセントへ、同じくクーラーは二・六パーセントから二一・五パーセントへ、同じく乗用車は一〇・五パーセントから三七・四パーセントへと増加した。

さらに、経済成長に歩調を合わせて、製造業の生産能力拡大が必要となり、加えて先進国からの技術導入によって、機械・設備の改良や新設も要請され、それまでの京浜工業地帯、阪神工業地帯、中京工業地帯などの拡張や更新がなされるとともに、京葉地区、四日市地区、北九州地区など、各地に大小の新たな工業地帯が建設されるところとなった。

とりわけ、それら工業地帯では、石油化学技術の進歩に合わせて、石油化学コンビナートが建設され、各種の化学工業薬品やプラスチックスなどの多くの石油化学製品が生まれ、産業用、また民生用にと広く利用されることとなった。そして、われわれの身の回りにもプラスチックス製品が急速に増えていった。

耐久消費財でわれわれの身近な存在といえば、それは家電製品であろう。高度成長期以来、様々な家電製品が各家庭に普及していったが、近年この分野でのエレクトロニクスやＩＴ（情報技術）の適用は着実に進んでいる。パーソナル・コンピュータ（パソコン）、携帯電話、デジタル・カメラ、携帯音楽プレーヤー、ゲーム機、カー・ナビゲーション（カーナビ）やＥＴＣ（自動料金収受システム）車載器といった自動車関連機器などは急速に進歩した。

家庭内でも最近、随分と便利で快適な家電製品が増えた。面白いことに、日本の温水洗浄便座などは実によく研究されており、世界の最先端をいっている。日本にきた外国人が驚くという。また、浴室暖房・乾燥機も快適であるし、食器洗浄器とかＩＨクッキング・ヒーターは主婦の家事労働をさらに変化させた。

また、二〇一一（平成二三）年までに、テレビは地上デジタル放送に移行するが、それに先駆け、大画面の液晶テレビやプラズマ・テレビもかなり普及している。その画像の美しさは、テレビが白黒からカラーに変わった時ぐらいのショックがある。

このような中で、かつてわれわれ日本人が最も憧れ、競って購入した耐久消費財が自動車、特に乗用車であった。当時の日本人（消費者）はクルマのある豊かな生活に「夢」を託した。まさに、クルマは高度成長期以来の消費行動の象徴であった。

日本のメーカーの自動車生産台数は、一九七〇（昭和四五）年には約五〇〇万台に過ぎなかったが、近年では約二千万台に達している。このうち、国内生産が約一千万台（輸出約五〇〇万台を含む）で、海外生産が約一千万台である。今や、クルマは一世帯に一台、地方では二〜三台所有する例も稀ではなくなった。

クルマ自体も、古くはセダンが主流であったが、一九六五（昭和四〇）年ごろからスポーツカーやGT（グランツーリスモ）、クーペ、ハードトップ、セダンをベースにスポーティな車体を載せたスペシャルティカーなど、パーソナルに運転を楽しむ「夢」のあるクルマが輩出され、特に若い層の羨望の的となった。

クルマという商品は、単なる移動手段・輸送機械ではない。このような意味で、自動車業界は一種のファッション・ビジネスであるとともに、「夢」を売る商売でもあるわけである。定年を迎えつつある団塊世代も、若いころにはクルマで日本国中を走り回った。そこに、若者特有である何らかのロマンを感じていたのである。

最近ミニヴァンがよく売れるのも、日本人が家族団欒で旅行することなどを夢見ているからなのであろう。日常では使い勝手が悪いにもかかわらず、である。スピードを簡単に自ら操る楽しさ——これは、クルマでしか味わえない。日産の新しいGT-Rのようなコンセプトは旧《ふる》いがロマンのあるクルマが出てくるのも、いまだ日本人がクルマに「夢」を持っているとメーカーが考えているからなのであろう。

しかしながら、このところ軽自動車を除くクルマの国内販売は低迷している。日本人の多くがクルマに「夢」を感じなくなったのだろうか。それとも、長引く平成不況によっていわゆる「格差社会」が生じ、クルマを諦めなければならない階層ができてしまったのだろうか。特に、若い層の「クルマ離れ」は激しいらしい。

今や、若者にとっては重要なコミュニケーション・ツールであるパソコンや携帯電話があるから、わざわざクルマで友人や恋人に会いにゆく機会は減ったようである。遊びにしても携帯音楽プレーヤーやヴァーチャル・リアリティ（仮想現実）豊かな高機能なゲーム機がある。

一般に、「クルマなんかどれでもよい。所詮《しょせん》白物家電と同じだ」という声をよく耳にする。性能・機能に大差はない。ブランドなども関係ない。安ければそれでよいのだという意見である。最近、洗濯機や冷蔵庫などの白物家電も大分変わってきたようであるが、そういわれるようになってしまったひとつの大きな理由は、本書を読み進んでいただければ明らかとなる。

ちなみに、いわゆる「白物家電化」という現象を、一般にマーケティング用語としては「コモディティ化」と呼んでいる。

二〇〇七（平成一九）年一〇月〜一一月に幕張メッセで開催された「第四〇回　東京モーターショー二〇〇七」の総来場者数は、約一四二万六千人であった。これは、前回より約八万人も少ないという。

加えて、最近のアメリカにおける金融不安に端を発する急速な景気の冷え込みによって、国内の新車販売台数も急速な落ち込みを見せている。『自動車年鑑　二〇〇八―二〇〇九年版』によれば、日本の国内新車販売台数は、二〇〇五（平成一七）年の約四七六万台から二〇〇六（平成一八）年の約四五六万台へと二〇万台も減少し、その後も減少傾向は収まらない。クルマのディーラーで話を聞くと、本当に困っているようである。各メーカーも収益が悪化し、人員削減や操業短縮を余儀なくされていることは、報道などで知る通りである。

クルマの行く末は一体どうなるのだろうか。

第三章
日本の自動車産業の変遷

第一節　明治・大正・昭和初期

本書では、現代の「日本車」の品格を問題とする。国内販売が低迷しているとはいえ、いまだ自動車産業は現代日本のリーディング・インダストリーのひとつである。ただし、その場合いつごろからをもって「現代の」という表現を用いるかは、判断が分かれるところであろう。筆者は、これを戦後の、しかも一九五五（昭和三〇）年以降と考えるべきではないかと思う。なぜならば、前にも述べ、後にもさらに詳しく述べるように、この年は日本の自動車産業にとって、ひとつのエポック・メーキングな年で、トヨタからは、トヨペット・クラウンRS型、一方の日産からは、ダットサン110型という本格的乗用車が発売され、これ以降トヨタと日産はお互い熾烈《しれつ》な競争を繰り広げるからである。こうした企業間競争の様相はある意味で現代的である。

しかし、「日本車」の品格をこれから考察してゆくに当たって、簡単に日本の黎明《れいめい》期以来の自動車産業の通史を概観しておく必要があろう。簡単にというのは、日本の自動車産業史自体については、他に優れた文献がすでにあるからである。これについては、巻末の参考文献を参照していただきたい。

まず、国産の自動車第一号が完成するのは、一九〇四（明治三七）年のことであった。ただし、このクルマは蒸気機関を動力とするもので、欧米諸国でもまだこのころは蒸気自動車が活躍し、自動車の動力の本命が、ガソリン・エンジンなのか、蒸気機関なのか、はたまた電気モーターなのか混沌とした時代であった。

日本でガソリン・エンジンの自動車第一号が完成するのは、一九〇七（明治四〇）年のことであった。このころから、各中小メーカーは半ば研究のような形で、ガソリン自動車の製造を始める。ただし、明治末期から大正にかけては、国産のクルマが高く評価され、大いに売れるという事態にはならなかった。売れたのはもっぱら輸入外国車であった。当時から、戦後の昭和二〇年代に至るまで、あくまでクルマの主流は外国車であり、筆者もトヨペット・クラウンができるまでは、警察のパトロールカーなどは確かジェネラル・モーターズ（以下、GMと略称）のシヴォレーだったと記憶している。

かくして、一九二四（大正一三）年にはアメリカのGMが、さらに一九二七（昭和二）年には同じくフォードが、日本で組み立て生産を開始する。はっきりいって、このころの日本車は、とりわけアメリカ車の模倣であった。

しかしながら、日本政府が国産車の振興にまったく無関心であったかといえば、そうでもない。まず、自動車国産化促進策として、一九二六（昭和元）年、当時の商工省（現在の経済産業省）に「国産振興委員会」を設置した。次いで、一九三二（昭和七）年には、自動車および同部品の輸入関税を引き上げた。また、一九三六（昭和一一）年には、自動車産業の基本となる「自動車製造事業法」を制定した。

そして、それに呼応するかのように、一九三三（昭和八）年には日産自動車が設立され、一九三七（昭和一二）年にはトヨタ自動車が創設される。

しかし、このころから時局は満州事変、支那事変、そして大東亜戦争へと拡大してゆき、自動車メーカーも民需向けの乗用車生産などしていられなくなってきた。よって、各メーカーは軍用トラックなどを主体に生産しなければならなくなった。

第二節　戦後から現在

一九四五（昭和二〇）年に長かった戦争も終わったが、今度は自動車生産を進駐してきた連合軍が管理するところとなり、一九四九（昭和二四）年になって、ＧＨＱから乗用車の製造が許可され、また自動車の販売統制が解除された。ちなみに、進駐してきた連合軍が驚いたのは、日本の道路事情の悪さであった。確かに、日本で自動車が活躍していたのは主に都市部であり、長距離の人員・物資輸送はもっぱら鉄道に依存していた。このことも、日本で乗用車が普及・発展しなかった大きな要因である。

一九五〇年代前半、ようやく自由になった自動車メーカーは、ひたすら欧米メーカーからの技術導入（トヨタを除く）やアメリカ流生産管理技術の吸収に明け暮れた。そして、ついに日本の自動車業界にとってひとつのエポック・メーキングな年が訪れる。先に述べたように、それは一九五五（昭和三〇）年である。

この年、トヨタからはトヨペット・クラウンRS型、そして日産からはダットサン110型という本格的乗用車が発売された。加えて重要なことは、同年政府から「国民車育成要綱」が発表されたことである。国民の誰もが乗れる安価で高性能なクルマを開発しようという計画で、これが後の富士重工（スバル）のスバル360やトヨタのパブリカなどの開発につながってゆく。

思えば、一九五〇年代後半は日本のクルマが急速に近代化を遂げた時代であった。例えば、一九五七（昭和三二）年には、トヨタからはトヨペット・コロナ（初代）、旧中島飛行機の流れを汲む富士精密と、たま自動車が合併したプリンス自動車からはプリンス・スカイライン（初代）、そして一九五九（昭和三四）年には、日産からはブルーバード（初代）という後々まで連綿と続くことになるクルマたちが輩出される。

一九六〇年代も前半になると、それまで主に二輪車・三輪車の専業メーカーだったところが四輪車市場になだれ込んでくる。例えば、本田技研（ホンダ）、東洋工業（マツダ）、ダイハツなどのメーカーである。それらがどのようなクルマであるかは、ここでは逐一記せないので、後述の各メーカー別の論評を参考にしていただきたい。

そして一九六〇年代後半、発売されるクルマのヴァラエティはますます広がってゆき、一九七〇（昭和四五）年、ついに日本の乗用車生産台数は三〇〇万台を突破し（四輪車合計の生産台数は約五〇〇万台）、同年以降、各メーカーは世界各国への輸出を本格化させてゆく。かくして、日本は自動車先進国の仲間入りをすることとなった。

ところが、一九七三（昭和四八）年に第四次中東戦争に端を発する第一次石油危機が、そして一九七九（昭和五四）年に第二次石油危機が発生する。その結果、燃費のよい小型車の需要が世界的に増加し、必然的に日本がつくっていた低燃費の小型車に対する評価が高まった。

とりわけ、それまでガソリンをガブ飲みするような大型車ばかりをつくっていたアメリカでは、日本のクルマの輸入が急増した。これに悲鳴を上げたアメリカの自動車業界はしきりに日本に対しクレームを発するようになった。そこで、アメリカの報復的輸入制限措置を恐れた日本の自動車業界は、一九八一（昭和五六）年以降、アメリカ向け乗用車輸出の自主規制に踏み切った。

本来の市場原理からすれば、アメリカも燃費のよい小型車を開発して、対抗すればよいはずである。筆者も当時、第二次大戦中のアメリカの急速な技術開発の進歩から推して、すぐさま反撃に出てくるものと考えていた。しかし、それは間違いであった。事実はそうはならなかったのである。アメリカで小型車（日本でいう中型車）が開発されるようになるまでには、さらに時間が必要であった。

現在、アメリカではかつてのいわゆるフルサイズカーというものをほとんど見かけない。中～小型車ばかりである。もちろん、日本のクルマも多く走り回っている。アメリカも変わったものである。

さて、ドル高を是正しようという一九八五（昭和六〇）年九月の「プラザ合意」による急速な円高を受け、日本の自動車業界は国際戦略の見直しを迫られることとなった。そこで、日本の自動車業界はそれまでの輸出中心戦略を後退させ、直接投資を積極的に行い、国際的生産体制への移行を促進し、かつそれまでの低価格車の大量輸出から、高付加価値車の少量輸出にシフトすることにした。後者の典型的な例として、一九八九（平成元）年におけるトヨタのセルシオがある。

「プラザ合意」後の円高を緩和しようとして実施された金融超緩和によって、いわゆるバブルが惹起《じやつき》されたが、一九九〇年代の初めにそのバブルが見事にはじけ平成不況に陥ると、自動車業界は収益性が悪化し、各メーカー間に業績の差が出てきた。中には危機に瀕《ひん》するメーカーも現れ、国内メーカー間、さらには海外メーカーとの間で、提携あるいは提携強化（一部は海外メーカーの完全傘下に）を模索するようになったが、最近海外メーカー、とりわけアメリカにおけるGM、フォード、クライスラーのいわゆるビッグ・スリーの業績悪化により、特に資本提携の面で後退が見られる。ただし、現在でも完全な独立メーカーはホンダのみである。こうした動きは、世界各国の自動車メーカーの大きな国際的再編のほんの一環と捉える必要がある。

なお次章より、日本の自動車業界とそのクルマ、および「日本車」の品格について考察してゆくが、そこでは基本的にトラック・バスなどを除く乗用車専業メーカー（トヨタ、日産、ホンダ、マツダ、三菱、スバル、スズキ、ダイハツ）およびそれらの主要製品である乗用車を中心に見てゆくことにするので、その点ご了承いただきたい。

第四章　現在の自動車業界

第一節　これからのクルマの課題

クルマが人や荷物を運ぶ耐久消費財として、われわれの社会生活に完全に定着した今日、クルマは必然的に様々の社会的な課題に直面している。それらは例えば、環境問題であり、資源問題であり、また安全性の問題であったりする。

本節では、そうした現代のクルマの抱えている課題を逐一検討し、今後の「日本車」の品格を考える基礎としたい。

まず第一に、小型化・軽量化の課題である。今日、日本はおろか欧米諸国、果ては発展途上国までクルマがゆきわたり、激しい交通渋滞を引き起こしている。加えて、日本やヨーロッパのように都市部の道幅が狭い国も多い。こうなると、車体の大きいクルマはそれだけで社会的「悪」というものである。

特に、歩車道の区別のない道が多い日本の都市部では、危険この上ない。大きなクルマは排気量の大きなエンジンを積まなければならず、当然排出ガスも多くなる。次に述べるように、いくら燃費の向上を図ってみても、これでは意味がない。たとえ欧米諸国の輸出圧力に屈したとはいえ、一九八九（平成元）年の税制改正で3ナンバー車（車体長四・七メートル以上、車体幅一・七メートル以上、または排気量二〇〇〇ｃｃ以上の乗用車）の税金を安くしてしまったのは、果たして正しい選択だったのだろうか。

ヨーロッパでは、排気量にかかる税金が累進的になっているので、小さなクルマが多く走り回っている。実際に大人四人が乗って、時速一〇〇～一二〇キロメートルで巡航するには、エンジン排気量は一五〇〇ｃｃもあれば十分である。今の日本のクルマは全体的に大きくなり過ぎた。

車体を小型化できないのなら、軽量化を図ればよい。この面で、メーカー各社は確かに努力をしている。マツダのデミオなどは、前のモデルより一〇〇キログラムも軽量化したという。しかし、一般にこれはそう簡単に効果の出る話ではない。極端なことをいえば、車体にアルミニウムを多用すればよいのであるが、コスト面で採算が取れない。チタン合金や炭素繊維などは高価過ぎて論外である。

コンパクトカーがよく売れているが、これはけっして一過性のブームではない。もはやわれわれ市民は、大柄な高級車よりもコンパクトカーのほうが社会的に見た目がよいことを認知しているのである。これは、クルマ社会の重要な変化である。

また、日本には世界に冠たる軽自動車というものがある。小型化・軽量化に頭を悩ます世界各国のメーカーは、日本の軽自動車技術に大いに注目している。後述する欧米メーカーが日本メーカーと提携した動機のひとつに、この軽自動車技術の獲得があったらしい。確かに、車体長三・四メートル、車体幅一・四八メートル、排気量六六〇ccの枠内で、あれだけの性能、品質、価格のクルマをつくれる国は、日本しかない。

もちろん、NA（ノーマリィ・アスピレーテッド＝自然吸気）のクルマでは加速が緩慢な感じは否めないが、過給機（ターボチャージャー、スーパーチャージャー）つきのクルマは、必要十分以上の走りを見せる。普通乗用車の売れゆき不振を尻目に、軽自動車が大いに売れているのには理由があるのである。

次に第二の課題として、前記の課題と関連しつつ、クルマの燃費向上が挙げられるだろう。化石燃料（石油）の正確な埋蔵量は知られていないが、このまま掘り続ければ、いずれは枯渇することは目に見えている。ガソリンがなくなれば、現在の方式のクルマは走れなくなる。そこで、各メーカーは必死になって燃費向上策に取り組んでおり、近年その成果は著しい。

最新のコンパクトカーでは、ガソリン一リッター当たり二四キロメートルぐらいは平気で走る。これは、何とふた昔前の軽自動車並みの水準なのである。一〇〇キロメートルの距離を、たった三リッターのガソリンで走る俗にいう「三リッター・カー」という目標があるが、各メーカーの小型車はこれに近づきつつある。政府の定めた燃費基準をクリアすれば、後述するように優遇税制を受けられる場合もある。

ところで、ガソリン車の延命のひとつの有力な方策は、動力のハイブリッド（混合、混成）化であろう。これは、ガソリン・エンジンと電気モーターを組み合わせて、ガソリンの消費量を減らそうとするものだが、この分野では日本が先行しており、すでにトヨタが一九九七（平成九）年に世界初の実用ハイブリッド車プリウスを発売し、その後、モデル・チェンジさえもしている。プリウスは「三リッター・カー」の要件を満たしており、トヨタはその他多くのクルマをハイブリッド化している。

ホンダもハイブリッド実用車をいくつか出しているが、これらのことについては、また後述しよう。

第三の課題は、環境対策である。現在の大気汚染の元凶のひとつが、自動車にあることは疑う余地がない。排出ガスによるCO_2（二酸化炭素）、NO_x（窒素酸化物）などの汚染が深刻化し、地球温暖化の原因にもなっているといわれる。日本政府は、一九七〇年代に公害が社会問題としてさかんに問題視されるようになって以来、早めにこの問題に取り組み、何段階かに分けて、排出ガス規制を実施してきた。

自動車メーカーの中でも、ホンダのように、当時一番厳しいといわれたアメリカの「マスキー法」を世界最初にクリアしたCVCC（複合渦流調整燃焼方式）エンジンという特殊な方策を採ったところもあったが、現在ではほとんど、燃焼の効率化と触媒方式でこれを解決している。

かくして、最近のクルマの排出ガスは本当にきれいになった。新たに出るクルマは、超－低排出ガス車（Ultra Low Emission Vehicle＝ＵＬＥＶ）が普通である。リアウィンドウに四つ星印（低排出ガス車）を描いたステッカーを貼ってあるクルマがそれである。これは、「平成一七年排出ガス規制基準七五パーセント低減レベル」達成車で、なおかつ「平成二二年度燃費基準」をさらに特定の数値を上回るクルマに対しては、自動車取得税や自動車税の減免が適用されるというものである。このことを、国土交通省では「グリーン税制」と呼んでいるが、二〇〇九（平成二一）年四月から三年間の特例措置として大幅減税がなされており、このことを特に「エコカー減税」と呼んでいる。自動車重量税も新たに対象となった。また、同年同月から一年間の特例措置として、「エコカー補助金」制度も実施された。

第四の課題は、安全性である。現在、日本では年間約五千五百人の交通事故死者が出ている。かつての一万人を超える死者数からは大分減ったとはいうものの、まだまだ多い。しかも、交通事故死者にカウントされるのは、事故後二四時間以内に亡くなった場合だから、実際に事故で亡くなった人はこれよりずっと多いはずである。傷害に至っては果たしてどれくらいの人数になるのだろうか。

これに対して、まず搭乗者の場合については、各メーカーで衝突安全ボディの開発が進んでいる。これは、基本的にボンネットやトランク部分をクラッシャブル・ゾーンとして衝撃を吸収し、キャビン（客室）部分を強くして搭乗者を守るというものであり、例えば、トヨタではこうした構造をGOAと呼び、また日産ではゾーン・ボディ・コンセプトと称している。エアバッグも運転席、助手席両方につくようになったし、サイド・エアバッグも小型車でもオプションでつくようになった。急ブレーキを踏んだ際、ハンドル操作ができるようにしたABS（アンチロック・ブレーキ・システム）も多くのクルマに標準装備されている。

ただし、問題は歩行者対策である。衝撃を和《やわ》らげるボンネットとかフロント・ガラスなどの研究・開発はまだ緒に就いたばかりであり、早急な進捗が望まれる。いずれにせよ、現在国土交通省から衝突安全基準（前面衝突、オフセット衝突、側面衝突）が提示されており、それに基づいた衝突実験が行われ、評価が公表されるので、各メーカーはうかうかしてはいられない。

第五の課題は、インテリジェント化である。今から三〇～四〇年前のクルマのボンネットを開けてみると、そこにはエンジン、ラジエーター、キャブレター、エアクリーナー、バッテリー、その他補機類があるだけで、隙間が多かった。オーナー自らキャブレターの調整など簡単にできた。しかし、現在のクルマのエンジンルームは、見慣れない電子機器がぎっしりと詰まり、下手に手を入れる隙間もない。

これらの電子機器は、例えばシリンダーへの最適な燃料噴射の制御や、オートマチック・トランスミッション（AT）の最適な変速の制御などを行っている。つまり、それだけ最新のクルマはインテリジェント化されているわけである。運転面でも、カーナビやETCなどが普及し、テレマティクス（双方向通信）も各社で模索が始まった。クルマのインテリジェント化は確実に進展している。

こうした動きは、今後より一層加速すると考えられる。そして、それは安全面にとって大きな効果をもたらすであろう。すでに車間制御、キープ・レーン、横滑り防止などをコンピュータで行う車種も現れている。このような方向のゆき着く先は、自動車の完全自動運転である。おそらく、完全自動運転は高速道路から始まると予測される。そうすると、高速道路の交通量は飛躍的に増大する。こうした研究は、現在国土交通省が中心となり、高度道路交通システム（ITS）として開発が進められている。

最後の課題は、次世代動力である。先にも述べたように、石油資源の枯渇が見通せる中、いかにガソリンを節約できる動力を開発するか。また、ガソリン・エンジンに代わるどのようなエンジンを開発するか、が大きな問題となっている。

前者の例は、これも前述のハイブリッド・エンジンであるが、実は同エンジンが今後のエンジンの本命なのか、あるいは後に述べる燃料電池（フューエル・セル）エンジンが実用化し普及するまでのつなぎなのかは、いまだはっきりしてはいない。

トヨタはハイブリッド・エンジンに力を入れ、大排気量のクルマにも載せているが、大排気量とハイブリッドは互いに背反している。そこのところは、トヨタはどう考えているのだろうか。ただし、ハイブリッド・エンジンは燃料電池エンジンへの転用が容易であり、その辺りがトヨタの真意かもしれない。また、トヨタとホンダとではハイブリッドの発想が異なる。すなわち、トヨタでは電気モーターが主でガソリン・エンジンが従であるが、ホンダはその逆である。

さて、その燃料電池エンジンであるが、これは水の水素と酸素への電気分解の逆の化学反応を起こさせ、水素から電力を取り出し、電気モーターを回すまったくの無公害エンジンであり、排出されるのは水だけである。いまだ、欧米諸国のメーカーを含め数社が試作段階にある。そして、このエンジンの課題は、どのような形態で水素を運ぶかということと、水素供給のインフラストラクチャー（水素ステーション）の整備をどう進めるかである。

また付言すれば、ディーゼル・エンジンにも可能性がないわけではない。ディーゼル・エンジンは熱効率が高く、今後のエンジンとしては、コモンレール（高圧燃料噴射）方式が有望視されている。日本では大型トラックの騒音や煤煙《ばいえん》が毛嫌いされて評価は低いが、合理的なヨーロッパでは、ディーゼル・エンジンは乗用車エンジンとして定着しており、非常に多くのディーゼル乗用車が走り回っている。

さらに、家庭用電源から充電する電気自動車にも可能性がないわけではない。現在、国内外の各メーカーが競って研究・開発を行っている。ただし、一回充電当たりの走行距離が今後急速に伸びるかどうかが問題である。

第二節　合従連衡《がっしょうれんこう》の嵐――吸収・合併と提携と――

自動車メーカーとは、大変難しい事業である。新車の開発コストはかさみ、市場の競争は激烈である。ひとつでも売れ筋のクルマが出ればよいが、まったく売れないとなると、そのメーカーの存亡に関わる。いわば、浮き沈みの大きいビジネスなのである。

したがって、自動車業界の歴史は吸収・合併と提携（コラボレーション）の歴史でもある。立ちゆかなくなったメーカーは、生き残ろうとすれば他のメーカーと合併するか提携するかしかない。世界の中で、これまでに消え去っていったメーカーの何と多いことか。

しかし、こうしたことは何も自動車業界だけではない。航空機業界でも似たような状況が起きている。航空機の一機当たり開発コストは、自動車の比ではないからである。

このような状況の中、日本の自動車メーカーはよくもしぶとく生き残ってきた。トヨタ、日産、ホンダ、マツダ、三菱、スバル、スズキ、ダイハツと、世界を見渡してもこれだけ多くのメーカーがひしめき合い、互いにしのぎを削っている国は、少なくとも先進国では日本しか見当たらない。

一九六〇年代以降、例えばアメリカではGM、フォードに加え、第三位のクライスラーがジープ部門を抱えるアメリカン・モーターズを吸収し、いわゆるビッグ・スリー体制が整い、一九九八年にクライスラーはドイツの老舗ダイムラー・ベンツと合併し、ダイムラー・クライスラー（DC）となったが、各社とも業績はかなり厳しく、かつてのビッグ・スリーの面影はない。しかもDCは、二〇〇七年五月、業績不振のクライスラーの八割強の株式をある投資ファンドに売ってしまい、事実上DCは再分割した。

こうした瀕死のビッグ・スリーに対しては、公的資金投入が検討されたが、それがもたついているうちに、耐えきれなくなったクライスラーは連邦破産法適用を申請し、事実上経営破綻した。また、GMもこれに続いて破産法適用を申請し、経営破綻してしまった。噂になっているように、トヨタがGMを買収すれば面白いとは思うが、どこまで実現可能な話なのだろうか。

イギリスでは、ローヴァーを筆頭に伝統ある民族資本系メーカーはほとんど壊滅してしまった。現在残っているのは、中小メーカーばかりである。

ドイツでは、先に記したダイムラー、フォルクス・ヴァーゲン（VW）、BMW（バイエルン自動車製作所）、そして、一時期VWとグループ化していたアウディが主要メーカーである。

フランスでは、元国営企業であり、後に日産を救うことになったルノーとプジョー＝シトローエン・グループのほぼ二大メーカー体制である。

イタリアでは、今やほとんどのメーカーがＦＩＡＴ（トリノ・イタリア自動車会社）の傘下に入ってしまった。かつてヨーロッパでは、それぞれのメーカーごとに、大衆車、中級車、高級車とそれぞれ棲み分けができていたのであるが、いつからか、すべてのメーカーがこれらのセグメントを扱うようになり、いわば「仁義なき戦い」に突入してしまった。この争いも熾烈極まる。

今では高級車メーカーとして日本でも人気の高いＢＭＷやアウディだが、今から四〇年ほど前には、単なる一小型車メーカーに過ぎなかったのである。

さて、これらのメーカーが世界的な規模で激烈な競争を展開するようになると、当然単独では事業が心許ない企業も出てきて、提携が模索されるようになり、世界的な業界再編の嵐が吹きすさぶようになる。日本のメーカーも、特に平成不況の時期になると、否応なくこの業界再編の嵐（合従連衡）に呑みこまれていった。もちろん、提携といっても資本提携、業務提携、技術提携などといった様々なレヴェルがある。

ここでは、日本のメーカーの海外メーカーとのごく主要な提携だけを挙げてみると、まずマツダ（東洋工業）が一九七九（昭和五四）年にすでにフォードと資本提携していたが、その後出資比率を増やされ、一時期「日本フォード」のような存在になっていた。ただし、このことのメリットはマツダにとって結構大きかった。しかし、二〇〇八（平成二〇）年、フォードは資金調達のためマツダの持ち株比率を半分以下に引き下げた。

また、三菱自動車（以下、特定の場合を除き三菱と略称）は、すでに一九七〇（昭和四五）年、クライスラーと資本提携していたが、一九八七（昭和六二）年にダイムラー・ベンツとも業務提携し、その後資本提携に発展した。しかし、三菱の一連の不祥事に嫌気が差したDCは二〇〇五（平成一七）年、三菱ふそう（トラック、バス）を残して資本を撤収してしまった。

この他、スズキがGMと細々と業務提携している。そして、日産はよく知られているように、一九九〇年代末に後述するような未曾有の経営危機に陥り、提携先を必死に探し、結局ルノーと資本提携した。

国内メーカー間の提携に目を向けると、トヨタの圧倒的な強さが分かる。「寄らば大樹の陰」か。トヨタはすでにダイハツを傘下に収め、スバルを経営危機のGMから引き取る形でこれも傘下に収めた。しかも、スバルはスバル360以来伝統ある軽乗用車から段階的に撤退し、同じトヨタ傘下のダイハツからOEM供給（相手先ブランドでの製品供給）を受けるという。スバルはさぞ悔しい思いであろう。これで、軽自動車はスズキ・日産・マツダ帝国と、ダイハツ・スバル帝国とに大きく分かれることになる。三菱も日産に軽自動車をOEM供給している。

さらに、誰がいい出したのか、「四〇〇万台クラブ」という言葉がある。これは、年間生産台数が四〇〇万台の水準にないメーカーは将来生き残れないという意味だそうで、現在この水準を達成しているメーカーは、トヨタ、GM、フォード、ルノー＝日産、VWだけであるが、真偽のほどは知らない。

第三節　グローバリゼーション――輸出と直接投資と――

現在では、自動車産業は一大輸出産業である。しかし、ここまでの道のりはけっして平坦なものではなかった。

日本で最初に乗用車の輸出を始めたのはトヨタで、一九五七（昭和三二）年にアメリカへトヨペット・クラウンをサンプル輸出した。しかし、当時の日本のクルマはとにかく性能が悪く、悪評紛々たるものであった。それでも、トヨタは同年早くもカリフォルニア州法人としてアメリカ・トヨタを立ち上げている。

また一方、日産はこれに遅れること二年、一九五九（昭和三四）年に、ニューヨークとロスアンジェルスに駐在員事務所を開設し、その後、トヨタ、日産を始め日本の各メーカーは地道な輸出努力を重ねてゆく。そして、日本のクルマが高く評価された、つまり「日本車」として認知された契機が、先にも述べた一九七三（昭和四八）年の第一次石油危機であった。日本の小型乗用車は、ガソリンを喰わないクルマとしてアメリカの消費者に受け入れられた。

一九七五（昭和五〇）年一二月には、トヨタはアメリカでVWを抜き、乗用車輸入第一位となった。スポーツカー部門でも、日産のZ（ズィー）カー（日本名＝フェアレディZ）が片山豊らの奮闘もあって、売れに売れた。このため、アメリカやヨーロッパのスポーツカー・メーカーは壊滅的な打撃を受けたとさえいわれている。

現在、アメリカではトヨタのカムリとホンダのアコードが毎月トップ争いを演じている。実際、アメリカのテレビでも両者のCMをよく見かける。

一方、ヨーロッパ市場では、日本のクルマはあまり売れていない。これは、後に詳しく述べるように、ある意味でトヨタの罪なのであるが、まず自動車後発国である日本のクルマをヨーロッパ人が認めたがらないこと、またエスプリの効《き》いた優れたデザインの多いヨーロッパでは、日本の凡庸なクルマでは埋没してしまうことなどが挙げられる。トヨタはその反省からか、ヨーロッパ市場に標準を当てた戦略車種（ヴィッツ、オーリス、ブレイドなど）を用意し、虎視眈々《こしたんたん》と狙っている。

最近では、日本のクルマのマーケットは世界中に広がっている。特定の地域に向けたクルマの開発も盛んである。特に、近代化の進展著しい中国のマーケットが、今後注目に値する。このところ、日本の国内マーケットが低迷しているので、各メーカーとも海外マーケットへの喰い込みに必死になっている。

ところで、日本からの乗用車輸入急増に対するアメリカのクレームに応えて、輸出自主規制（一九八一年）を実施するのと軌を一にするように、一九八〇年代に入ると、日本の自動車業界は対アメリカ直接投資を計画し実施してゆく。先陣を切ったのはホンダであり、一九八〇（昭和五五）年一月、オハイオ州に工場の建設計画を発表する。

次いで同年四月、日産は小型トラック工場をアメリカ国内に建設すると発表、その準備のためにアメリカ日産自動車製造（NMMC）を設立した。しかし、アメリカではまず小型トラックからつくるということの決定が、日産に乗用車の現地生産を遅らせてしまう悪い結果となった。現在でも、日産はトヨタ、ホンダに比べ、アメリカでの現地生産の展開が緩慢であるという印象が拭えない。

何かにつけ慎重なトヨタは、アメリカ進出をGMとの合弁会社の形でスタートする。それがかの有名なニューミ（NUMMI＝New United Motor Manufacturing Incorporation、カリフォルニア州）であり、一九八四（昭和五九）年二月に設立され、トヨタ生産方式（TPS）を導入し、シヴォレー・ノーヴァ（日本名＝スプリンター）をつくり始める。そして、本格的な直接投資は、遅れて一九八八（昭和六三）年五月に、トヨタ自動車製造（TMM、ケンタッキー州）の工場から、アメリカ産カムリ第一号車のラインオフによって、その一歩を記す。一九九六（平成八）年には、北アメリカにおける製造および販売事業の統括会社として、トヨタ自動車製造・北アメリカ（TMMNA）を設立している。

現在では、各メーカーともここに書ききれないほど、世界各地に子会社、合弁会社などの形で現地生産工場を持っている。特に最近では賃金水準の低い発展途上国に直接投資をするケースが増え、それら諸国にもモータリゼーションの波が押し寄せている。

ただし、中国に対してはひと言いいたい。技術の模倣は、自動車後発国としてかつて日本もしてきたことだから致し方ないが、一部のメーカーのまったく露骨な日本のクルマのコピーはいかがなものかと思う。クルマ以外にも中国では多くのコピー商品が出回っているようであるが、これは中国の「文化」なのであろうか。当局の取り締まりをも含めて、多大の配慮を切に望みたい。

第五章
強大トヨタとトヨタ車の品格

第一節　トヨタの概略

一　トヨタと「日本車」と品格

トヨタの二〇〇九（平成二一）年三月期連結決算（アメリカ会計基準）によると、グループ全体の売上高は二〇兆五二九五億円、営業損失は四六一〇億円、当期純損失は四三七〇億円と、前年度に比べ大幅に業績が悪化している。さしものトヨタも、リーマン・ブラザーズの経営破綻に端を発する今回の急速な景気冷え込みの影響をもろにこうむった形である。二〇〇九年度の業績見込みも悲観的である。しかし、トヨタは内部留保が厚い。現在の苦境を何とか跳ね返すであろう。ちなみに、二〇〇八年の世界販売台数は八九七万二千台であり、一方GMは八三五万六千台であるから、トヨタはGMに六〇万台以上の差をつけて、世界最大の自動車メーカーとなった。

トヨタの「無借金経営」は有名である。これは、後述するように、戦後の経営危機の際、協調融資を受ける見返りに会社を分割させられたという屈辱がトラウマになっているからである。借り入れをしないで内部留保を厚くする。そして、いつしかトヨタは「トヨタ銀行」と呼ばれるまでになった。それが可能であったのも、何とか企業間競争に勝ち抜き、一人勝ち状態になっていったからである。

コスト・ダウンを徹底して行い、クルマをつくる。そのクルマがまたよく売れる。必然的に資金が貯まる。その貯まった資金で新鋭工場建設や新車開発を行い、そのクルマがまたまた売れる。こうした好循環は、優良企業の見本のようなものである。

ところで、いわゆる「日本車」なるものがどうしてこの日本に生まれ出て、どうしてその品格が形成されたのであろうか。その理由を探ってゆくと、トヨタというメーカーの存在が大きく浮かび上がってくるのである。

今や、トヨタの国内シェアはおよそ四六〜四七パーセントであり、五割に届こうとする勢いである。すなわち、国民のおよそ半数もがトヨタのクルマを支持していることになる。また、大きな書店にゆくと、書架にはトヨタに関する書籍がところ狭しと並ぶ。どれもこれもトヨタ礼賛論ばかりである。確かにトヨタは優れた会社であり、ついにGMを抜いて世界一の自動車メーカーとなった。

「かんばん方式」や「カイゼン（改善）」などの「トヨタ生産方式」も世界の注目の的であった。しかし、トヨタが優れた会社というのは、あくまで「今や」という前置きがつくのであって、そうした「光」の部分ではなく、むしろ後に詳細に説明するような「影」の部分、といって悪ければ苦しい過去が「日本車」なるものとその品格を生み出した大きな背景であるというのが、本書において強調したい基本的な問題意識である。

このことがよかったのか悪かったのかについては、正直いってよく分からない。しかし、「日本車」の成立と発展、およびその品格の形成とに関連づけて、トヨタについて、しかも「影」の部分を強調して今までに書かれた文献を寡聞《かぶん》にして知らない。

筆者は、戦後これまでの日本の自動車産業の展開、中でもトヨタと往年のライヴァルである日産との攻防戦（企業間競争）の経緯に興味を持ち、そのことを調べている過程でこのことに気がついた。したがって、本書は日本の自動車産業史に新たな一ページを書き加えるとともに、社会にとっても大きな啓蒙となるはずである。

二　波乱に満ちたトヨタの略歴

豊田自動織機を創業した豊田佐吉は、長男の喜一郎に将来ものになる事業をするように勧めた。そこで喜一郎は、発展しつつある自動車に目をつけ、豊田自動織機内に自動車部を設けた。一九三七（昭和一二）年、この自動車部が独立してトヨタ自動車となった。しかし、この設立前後、豊田一族の間では確執が続いており、このため、トヨタ自動車初代社長には、佐吉の後妻の娘婿（養子）で喜一郎と対立していた豊田利三郎が就任した。

戦後、ご多分にもれず労働争議が頻発するなどしてトヨタは倒産寸前に陥り、一九五〇（昭和二五）年、銀行の協調融資を受ける見返りに、トヨタはトヨタ自動車工業とトヨタ自動車販売という二つの会社に分割されてしまう。トヨタ自工とトヨタ自販が再び合体して元のトヨタ自動車に戻るのは、何と一九八二（昭和五七）年のことである。

ただし、この分割が悪いことばかりだったかというと、そうとはいえない。トヨタ自販が製造部門のトヨタ自工の制約を受けずに、自由に販売網構築とマーケティングを展開できたからである。とりわけ、かつてのトヨタ自販の社長で「販売の神様」と呼ばれた神谷正太郎の活躍はすさまじかった。もし彼がいなかったら今のトヨタはなかったであろう。神谷は、「うちはトヨタのクルマじゃなくて、GMのクルマを売ったっていいんだよ」とまでトヨタ自工に伝えていたといわれるから、トヨタ自工としてはさぞ煙たい存在だったに違いない。

話を戻すと、倒産の瀬戸際以降、かの朝鮮（戦争）特需などがあって、トヨタの業績はしだいに回復してくる。そして一九五五（昭和三〇）年、本格的乗用車のトヨペット・クラウンRS型を、また一九五七（昭和三二）年、トヨペット・コロナST10型を発売し、このころから同じく老舗でライヴァルの日産自動車との激しい競争が始まる。

当時、技術力で日産に劣っていたトヨタは、後述する「BC戦争」「CS戦争」などにおいて、マーチャンダイジング（商品企画）と販売力でそれをカヴァーし、トヨタ車の支持層を広げ、一九七〇年代から八〇年代にかけてしだいに日産を引き離してゆく。今では両者劣っていた技術の面でも、一九八〇年代半ばにようやく日産に追いついた。

の技術はほぼ拮抗しており、部分的に日産を凌駕《りょうが》さえしている（例えば、ハイブリッド技術）。

一九八九（平成元）年には、セルシオ（レクサスＬＳ４００）で超高級車市場に参入、日本とアメリカで高い評価を得、また一九九七（平成九）年には、世界初のハイブリッド実用車プリウスを発売するなど、トップ・メーカーの名に恥じない働きをしている。近年では、ブランド・イメージを高めるため、モーター・スポーツに積極的に参入したり、後述する高級車販売網「レクサス」店を日本でも展開したりしている。

なお、トヨタは二〇〇一（平成一三）年、「トヨタウェイ」という冊子を作成し、全世界のトヨタの従業員に配布した。これは、豊田佐吉、豊田喜一郎、さらには豊田英二（喜一郎のいとこ）などの言葉を中心に、トヨタの人間として共有すべき価値観・思想を分かり易くまとめたもので、進展しつつあるトヨタのグローバリゼーションの中で大きな指針となっている。こういうところにも、やはりトヨタは「豊田家の会社」なのだということを、改めて認識させられるのである。二〇〇九（平成二一）年六月、久しぶりに豊田家から、喜一郎の孫である豊田章男が社長に就任した。

第二節　トヨタの強さの源泉

一　世界が注目する「トヨタ生産方式」

なぜトヨタは急速な躍進を遂げたのか、なぜトヨタのクルマはこれほど売れるのか、その秘密は一体どこにあるのか、日本やアメリカの学者たちがそれを調べたところ、どうやら生産のシステムにヒントがあることが分かってきた。彼らはそれを「トヨタ生産方式」（Toyota Production System＝ＴＰＳ）と呼んだ。

しかしながら、ＴＰＳとは何も特殊なマニュアルとか口伝《くでん》というのではなく、ひとつの思想であって、固定したものではなく、日々進歩している。この思想は「トヨティズム」と呼ばれ、フォードの流れ作業の思想である「フォーディズム」とも対比される。その根幹を成すものは、第一に徹底したコスト・ダウンと、第二にたゆまぬ品質向上である。このため、ＴＰＳは「乾いた雑巾をなお絞る」などと評される。その特徴的な内容は、四つに集約されると思われ、以下に列挙する。

「三ム主義」
ムリ（非合理な、または強引な作業）、ムダ（無駄な作業、無駄な在庫など）、ムラ（品質のバラつき）の廃絶。

「カイゼン」
作業スタッフ全員が、絶えずいかなる小さなことでも、コスト・ダウン、品質向上、製造方法の改善点を見つけ、提案し、それをコツコツと積み重ねてゆく。こうした改善は Kaizen として英語でも定着しているため、カタカナ表記とした。

「かんばん方式」
いわゆる just in time＝JIT方式の一種であり、リーン（lean）生産方式の一種でもある。無駄な部品在庫を持たず、必要な部品を必要な時に必要な量だけ系列部品メーカーが生産し、トヨタの工場の各工程に搬送される仕組み。今は亡き大野耐一が発案した。この時、各部品メーカーに回されるビニール袋に入った発注伝票が「かんばん」である。現在は、この発注方法はコンピュータ化されている。

「自働化」
「にんべん」がついていることから分かるように、いわゆる自動化ではなく、生産ラインに何らかの異状が発生した場合、作業スタッフが自ら発見してラインを止める。この時、赤ランプ（「あんどん」）が点灯する。このため、トヨタの製造工程は、できるだけ人間の目で見えるよう工夫されている。

これらの他にも、オーヴァー・スペック（過剰品質）の見直しが一九八二（昭和五七）年より始められるなど、徹底した合理化が行われている。こうしたＴＰＳから生み出されるトヨタ車の品格が、ＴＰＳの品質向上努力などと大いに関連しているであろうことは、疑う余地がない。

ここでは、説明は簡単にとどめたが、「トヨタ生産方式」について書かれた文献は数多いので、興味のある読者は巻末の参考文献などを参照していただきたい。

二　卓越したマーチャンダイジング能力

トヨタは、日産に技術的に遅れを取っていた時代、その卓越したマーチャンダイジング（商品企画）能力で、かろうじて日産を振り切った。すなわちトヨタは、クルマに関して日本人がどのようなメンタリティ（心理的性向）を有しているか、緻密に調査・認識・分析し、それをクルマづくりに活かしていった。

例えば第一に、日本人はクルマに関しては見栄を張りたがり、虚栄心がある。これは、自動車後発国の国民の特性のようなものであるが、やたら隣の家のクルマと比べたがる。このためトヨタは、外観を堂々としたものに見せ、内装も豪華にし、アクセサリーも豊富につけたクルマをつくっていった。典型的な例として、クラウン、マークIIなどがある。ただし、トヨタがそうなったのにはひとつの背景がある。

トヨタは、先に述べた「国民車育成要綱」に則って、一九六一（昭和三六）年、パブリカというクルマをつくる。しかし、このクルマは価格を抑えるため、プラスチックスの玩具のような簡素なつくりになってしまい、売り上げが伸びなかった。トヨタはこれに大分懲りたらしい。

第二に、日本人はクルマに関しても人生同様、上昇志向を持っているということである。トヨタはこのところを巧みに突いた。例えば、未婚の平社員クラスにはスターレット（パブリカの後継車）を、既婚の平社員クラスにはカローラを、係長・課長クラスにはコロナを、課長・部長クラスにはマークIIを、そして部長・重役クラスにはクラウンをといったように、購入者の所得の増大や社会的地位の向上に合わせた車種をそれぞれ用意し、こうした「トヨタ的ヒエラルキー」を構築して、購入者のトヨタ車への囲い込みに成功してしまった。いわば、トヨタの「お得意様」を増やしていったのである。「いつかはクラウン」というトヨタのキャッチ・コピーは、まさにこの点を表した秀逸なフレーズである。

そして第三に、日本人は突出的・前衛的・先駆的なデザインのクルマを好まず、クルマのデザインに関してはむしろ保守的であるという性格である。これも自動車後発国的性格といえば、そうである。このことからトヨタは、可もなく不可もない万人受けする無難なデザインを売れ筋車種に採用した。要するに特徴のない凡庸なデザインということである。こういうデザインは、都会では分からないが地方では歓迎されるだろう。地方では、あまり目立つことは敬遠されるからである。トヨタの凡庸で保守的なデザインは、一部のクルマ好きの人たちからは、少々侮蔑的な目で見られている。

しかし、トヨタ自身もそのことはよく分かっていて、一種の反動からか、時折突出した前衛的な、あるいはスポーティなデザインのクルマをつくる。旧い例では、ガルウィング（跳ね上げ式）ドアを持つ、クーペのセラ、また最近の例では、一般乗用車としては、前衛的2ボックス（トランク部分がない）のオーパ、スポーツカーやクーペとしては、スープラ、セリカ（最終モデル）、ミッドシップ・エンジンのMR‐Sなどがそうであろう。MR‐Sなどは、軽快で運転して楽しいクルマである。ただし、そういう特別なクルマはあまり売れない。トヨタとしても、苦しいところだとは思う。

三　トヨタの今後の問題点

凡庸で保守的なクルマづくりに終始してきたため、トヨタにはダイムラー（メルツェデス）、BMW、あるいはそこまでゆかなくとも、ホンダ、スバルに比べてさえ、ブランド・イメージが希薄である。このためアメリカでは、高級車販売網を「トヨタ」ではなく「レクサス」というブランドとし、むしろ成功している。そして、この成功を受けて、二〇〇五（平成一七）年八月、日本でも鳴り物入りでレクサス販売網を立ち上げ、それまでのトヨタの高級車をすべてレクサスに集約してしまった。

しかしこれは、慎重でめったに失敗などを犯さないトヨタとしては、近年珍しい大きな考え違いであった。トヨタ車のことをあまり意識しないアメリカ人ならいざ知らず、日本人の目にはレクサス車も、あのトヨタがつくったクルマとしか映らないのである。しかも、やたら高級を謳《うた》い、トヨタ車であったクルマをレクサス車にする時に、価格帯を上げてしまった。

確かに、レクサスLS460やLS600hなどは、よくできた素晴らしいクルマである。おそらく、価格にも見合っているのであろう。しかし、これではまるでバブル期への逆行ではないか。

また、トヨタはホンダのことをあまり好きではない。それは、ホンダがトヨタにはないブランド・イメージ、とりわけスポーティ・イメージを持っていると、トヨタ自身が思っているからである。こうしたコンプレックスからか、二〇〇三（平成一五）年から、トヨタはモーター・スポーツの最高峰であるF1にフル参戦（車体とエンジン両方で参戦）している。これもF1にエンジンを供給してきたホンダを意識してのことであり、ホンダもこれに対抗してフル参戦に切り替えたが、最近の景気低迷を受けて早くも撤退を決めた。ホンダとしても不本意であろう。

トヨタはその資金力を活かして、ドイツに二〇〇億円でF1開発センターを建設し、すでに買収した富士スピードウェイもF1が開催できるよう改修を終え、二〇〇七年度、二〇〇八年度は、ホンダのお膝元の鈴鹿サーキットから場所を富士に移して開催した。二〇〇九年度は再び鈴鹿で開催することが決まっている。トヨタは、国内レースであるスーパーGT選手権にもレクサスSC430（旧ソアラ）を出走させたりしているが、果たして、これで一般国民のトヨタに対するブランド・イメージは高まるのだろうか。

しかも、このように一方でモーター・スポーツに首を突っ込みながら、他方でスープラ、セリカ、MR－Sといったスポーツカーやクーペの生産・販売から一切撤退してしまった。これは、一体どう考えたらよいのだろうか。まさに、精神分裂である。

さらに、トヨタはよく売れている他社のクルマの模倣をするというよろしくない性癖がある。もちろん、よく見ると違うクルマなのであるが、一見しただけではよく似ているとしかいいようがない。

例えば、トヨタは日産のエルグランドが売れていると見るや、よく似たアルファードやヴェルファイアを出してお株を奪ってしまう。また、ホンダのストリームが売れていると見るや、これもよく似たウィッシュを出して大打撃を与える。こうした行為は、とても一流企業のすることではない。

トヨタは、すでに第一級の自動車メーカーなのだから、一日も早くよいブランド・イメージと一流企業のそれこそ品格が備わることを期待したい。

第三節　トヨタ車の品格（レクサス車を含む）

トヨタは、アメリカではいざ知らず、日本ではトヨタ・ブランドとレクサス・ブランドの分離がどうもうまくいっていないようである。大方の日本人は、レクサスはトヨタのクルマだという意識が抜けない。だとすれば、トヨタのクルマにしては異常に価格が高い。東京のお台場にあるトヨタの大型ショールーム、MEGA　WEBでも一応境界はあるが、レクサス車はトヨタ車と一緒に展示されている。だから、両者を比較すると、一層レクサス車の価格の高さが気になる。お金持ちが買うトヨタ車という一般認識である。

拙宅の近辺に、レクサスのディーラー店が二店ある。二店とも同じ幹線国道に面し、互いに距離はそれほど離れていない。いずれの店も品がよく風格のある佇《たたず》まいである。筆者は時々これらのレクサス店の前を愛車で通るが、いつも閑散として、スタッフが手持ち無沙汰にしている。要するに、レクサス車を買おうという顧客は限定されている。それでも、レクサスの顧客はしだいに増えているという。日本の所得階層は、やはり二極分化しているのだろうか。

レクサス車は、非常に品質が高くそれぞれよくできている。価格もそれに見合っていると推察される。ただし、残念ながらレクサス車もトヨタ車である。ボディ・デザイン、インテリア・デザインとも保守的で凡庸である。LS（旧セルシオ）、GS（旧アリスト）、ES（旧ウィンダム）、SC（旧ソアラ）、IS（旧アルテッツァ）など皆そうである。確かに、これらのクルマは豪華で威風堂々として立派に見える。しかし、ただそれだけなのである。キャデラック、メルツェデス、ジャグア、BMWなどのように、遠くからでもひと目でそれと分かる特徴がない。伝統がまだ浅いからといえばそれまでであるが、果たして理由はそれだけであろうか。

しかし、それでもやはりレクサス車を品格のあるトヨタ車として、第一に挙げざるを得ない。ここでは、その代表としてレクサスLS600hを選んでおこう。このクルマは、世界の超高級車と肩を並べる、これ以上求めるべくもないクルマである。五リッターのV型8気筒エンジンと高出力の電気モーターを組み合わせたハイブリッド車であり、さらにフルタイムAWD（オール・ホイール・ドライヴ＝全輪駆動。四輪駆動と同じ）で走る動力性能的には文句のつけようがないクルマである。内装も豪華で真に高級である。全長は五メートルを超え、全幅は一・九メートル近いという、日本の道路ではおそらくもてあます大きさであり、価格も約一千万円～一千五〇〇万円（LS600hL）とそれなりに高い。これで、このクルマに品格がないなどといったら、それこそ嘘になる。

逆にいえば、このクルマは乗る人を選ぶであろう。自らの品格に自信のない方はお乗りにならないほうがよいと思う。ただし、先に述べたように、このように大きなクルマはアメリカを中心にそれなりに需要があるにせよ、基本的に時代に逆行しているのではないだろうか。

ところで、トヨタ車の品格を評価する上で、一番問題になるのはクラウンというクルマの存在であろう。クラウンは、初代から四代目辺りまではごく普通の中型車であった。しかし、トヨタのラインナップが拡充するにつれ、しだいにラインナップの頂点、すなわちフラッグシップとしての位置づけを与えられるようになった。すると、クラウンはその役割を担うべく、立派で威風堂々とした外観と豪華で静かな室内という性格を身に着けてゆく。この傾向は、クラウンが3ナンバー化されるとますます強まった。

特に、4ドア・ピラードハードトップから発展して、クラウンの中核グレードとなったロイヤルサルーンがそうである。このクルマは、他人に威張りたい人、見栄を張りたい人のためにつくられたとしか思えない。まさに、「どうだ。偉そうだろう」といわんばかりの風情である。

筆者は、このクルマを見ると、日本社会のいかにもさもしい一面を見ているような気分になる。クラウンには、一見品格があるように思える。また、日産のセドリック／グロリア（現フーガ）やホンダのレジェンドなど、同クラスのクルマの性格を基本的に決定づけたのもクラウンである。それらのクルマをも含めて、クラウンに品格は果たしてあるのだろうか。

マークX（マークIIの後継車）についても、同じようなことがいえる。マークXは、サイズ的にはクラウンとほとんど変わらない。このクルマも、クラウン同様乗る人の所得レヴェルや社会的ステータスを表現するだけの記号的なクルマでしかない。ただ、クラウンより製造コストを抑えて安くしただけのクルマであり、偉そうに見えるだけで、真の品格を備えたクルマとはいい難い。

プレミオ／アリオン（旧コロナ／カリーナ）やカローラ・アクシオは、品格を云々するようなクルマではない。ごく普通の中～小型車である。プレミオ／アリオンは、5ナンバーの枠内で最大限のキャビン（客室）を確保したパッケージングになっているため、外観のバランスが崩れている。これらの中～小型車の中にあって、とりわけカローラ・アクシオのそっけないまでの凡庸さはいかがなものであろう。従来からのカローラの伝統を継承しているといえば、そうであるが。

同じ中～小型車でも、ヨーロッパ市場を意識したブレードやオーリスのほうが、少しはボディ・デザインにエスプリを効かせてあるだけ、多少はましというべきであろう。しかし、こういうクルマは日本市場ではなぜか売れない。

それでは、レクサス車に次いで、トヨタ車の中で真に品格のあるクルマとは何か。第二に挙げなくてはならないのは、プリウスであろう。二〇〇九（平成二一）年五月、三代目となった。このクルマは、先にも記したように、燃費向上、環境対策、次世代動力といった新たな課題に対するトヨタ流のひとつの回答である。確かに、一八〇〇ccのクルマとして見れば、多少価格が高い。しかし、このクルマはいうまでもなくハイブリッド車である。電気モーターのほうをガソリン・エンジンに優先して用いる。そこには、将来への展望がある。希望がある。これを品格といわずして、どうするか。

現在、三代目となったプリウスは、ボディ・デザイン的には初代から大分洗練された。しかし、このクルマは中身が重要なのである。運転感覚がより普通のクルマに近づいた。ホンダのハイブリッド車のインサイトが二代目となるが、空力《くうりき》（空気力学）的な条件があるにしても、ボディ・デザインが二代目プリウスによく似ているので、今度はホンダがトヨタの模倣をしたかと可笑しくなってしまう。

第三に挙げられるのは、コンパクトカーのヴィッツである。ヴィッツはコンパクトカーとしては非常に品質が高い。初代のヴィッツのボディ・デザインがなかなかよくできていたので、二代目はどうなるかと思っていたが、キープ・コンセプトでうまくまとめてきた。

ただ、残念なのは小さなサイズでスマートに見せようとしてAピラー（フロント・ウィンドウの両端の柱）を極度に寝かせているので、フロント・ウィンドウの下端が前方にきてしまい、その結果インストルメント・パネル（ダッシュボード）が異常に大きくなってしまったことだろう。

しかし、それ以外は二代目ヴィッツもなかなかよくできていて、小さいボディながらある種の風格さえ漂う。初代ヴィッツの他社のコンパクトカーに与えた影響は非常に大きい。コンパクトカーだから品格が低いということは絶対にない。クラウンなどよりはよほどましである。ヴィッツは、品格のあるトヨタ車のひとつである。

最後に挙げられてよい品格のあるトヨタ車は、二〇〇八（平成二〇）年一一月に発売されたIQである。IQは一応四人乗りではあるが、後席は一人でもよいと割り切った、全長が極めて短い3ドアのシティ・コミューターである。しかし、質感が非常に高い。筆者もこれには感心した。一〇〇〇ccの割に価格が高いのはそのせいであろう。「二〇〇八－二〇〇九　日本カー・オブ・ザ・イヤー」と「二〇〇八－二〇〇九　グッドデザイン大賞」を受賞したのも肯《うなず》ける。

IQはよい意味でトヨタらしいデザインだし、そこには未来への提案がある。国民の多くがこのようなクルマに乗ったら、日本も変わるだろう。IQは、確実に品格のあるトヨタ車のひとつである。

トヨタには、これら以外にも多くのクルマがある。ミニヴァンも多い。しかし、基本的にミニヴァンは動くリヴィングルーム、動く物置であって、筆者はその存在自体をあまり評価しない。どのように豪華なクルマであろうとも、である。トヨタのミニヴァンの中には、ヤンキーな若者におもねった下品極まりないものもある。カローラ・ルミオンやbBなどはその典型であろう。

第六章
日産の敗因とその帰結

第一節　トヨタ対日産――バトルの構図――

一　日産自動車の創設

トヨタと日産の競争を説明する前に、日産の創設に至る経緯を概観しておこう。

日産の起源は、一九一一（明治四四）年、技師の橋本増次郎が快進社自働車工場を設立したことに遡《さかのぼ》る。この快進社は、一九一四（大正三）年、東京の上野公園で開催された大正博覧会に、ダット号という自動車を出品する。

ダット（DAT）というのは、快進社の新たな出資者である田健治郎（でんけんじろう）、青山祿郎、竹内明太郎の三名のイニシャルを採ったものであるが、「脱兎のごとく」の脱兎の意味も込められていたともいわれる。

時が経ち、一九二六（大正一五）年に快進社を母体とするダット自動車商会と大阪の実用自動車製造社が合併し、ダット自動車製造社となる。このダット自動車は、一九三一（昭和六）年、日本産業という戦前の新興財閥の総帥である鮎川義介（あゆかわよしすけ）所有の戸畑鋳物に吸収されてしまう。そして、戸畑鋳物はダットサンという自動車をつくることになる。

ダットサンというのは、ダット号の息子（son）という意味であるが、SONは「損」につながるという理由から太陽（sun）とし、英名はDATSUNとなり、このダットサンというブランドはその後長く続くことになる。一九三三（昭和八）年、日本産業と戸畑鋳物の共同出資で自動車製造株式会社が設立され、翌一九三四（昭和九）年、この会社は日産自動車と改称された。

二　第一ラウンド（BC戦争）

再三述べるようだが、一九五五（昭和三〇）年は日本の自動車業界にとって、ひとつのエポック・メーキングな年であった。この年、トヨタからはトヨペット・クラウンRS型とトヨペット・マスター、また一方の日産からはダットサン110型という本格的乗用車が発売されたのである。

クラウンとマスターは中型車、ダットサンは小型車であった。クラウンとマスターの相違は、ボディ・デザインの相違もさることながら、前者がどちらかといえばオーナー・ドライヴァー向けであったのに対し、後者がどちらかといえばタクシー向けであったことである。すなわち、前者の前輪車軸が独立式で乗り心地を重視したのに対し、後者のそれはリジッド（固定式）で耐久性が重視された。要するに、トラックにより近かったわけである。しかし、マスターの乗り心地の悪さが嫌われ、タクシー用にも売れたのはクラウンのほうであった。

クラウンとマスターのエンジンは一五〇〇ccで同じものであり、ダットサンのエンジンは八六〇ccであった。クラウンとマスターはこのころのアメリカ車を小型化したようなデザインであったのに対し、ダットサンはヨーロッパ車的であった。これは、トヨタと日産の参考技術・技術導入の歴史の相違でもある。そして、当時のタクシーの初乗り料金はクラウンが八〇円、ダットサンが七〇円であった。

ダットサンはタクシー用によく売れ、一九五八年にはデザインは変わらないものの改良され210型（一〇〇〇cc）となり、引き続きよく売れた。これを見ていたトヨタは、自社にも小型車が必要だと考え、一九五七（昭和三二）年、急遽マスターを小型化したようなトヨペット・コロナST10型（一〇〇〇cc）を仕立て上げる。しかし、何せハンドルはクラウンの、ドアはマスターの流用といった代物である。エンジンも急ごしらえで、当然性能がよいはずもない。車体が丸かったことから「だるまコロナ」と揶揄《やゆ》され、売れゆきも悪く、ダットサンに完敗してしまう。

一九五九（昭和三四）年、日産は110、210型に比べ一挙に近代化されたダットサン310型（当初一〇〇〇cc）を発売した。このクルマは、当時の川又克二社長が「ブルーバード」と命名したといわれており、初代ブルーバードとなって、新興オーナー・ドライヴァー層に爆発的に売れた。

筆者はこのクルマを初めて見た時、どこかオースチンに似ていると感じたが、それも当然で、日産は以前よりオースチン（ＢＭＣ）と技術提携していたし、実際オースチン車（オースチン・ケンブリッジなど）もつくっていた。

一九六〇（昭和三五）年、トヨタはブルーバードに対抗すべく、革新的デザインで凝った新技術のサスペンションを持ったＰＴ２０型コロナ（一二〇〇ｃｃ）を発売するが、肝心のサスペンションに問題が多発し、二年後の一九六二年に、デザインは変えずにエンジン換装（一五〇〇ｃｃ）とサスペンションを旧式のものに戻したＲＴ２０型コロナを発売し、ブルーバードに肉薄してゆく。そしてこれ以降、トヨタは新技術の採用には慎重になる。この点は、その後のトヨタの技術を考える上で重要である。

ここで、日産は重大な失敗を犯す。日産は一九六三（昭和三八）年、４１０型ブルーバード（当初一二〇〇ｃｃ）を発売するが、日産はこのクルマのデザインを、イタリアの最大で有名なカロッツェリア（クルマのデザインやカスタマイズを手がける会社）であるピニンファリーナ社（Pininfarina S. p. A.）に依頼してしまったのである。そのため、今日このクルマを見れば、流麗で素晴らしいデザインであることが分かるのであるが、当時の自動車後発国的な日本人には、丸まっこいお尻の下がった奇妙なデザインとしか映らなかったのである。このため、次のモデル・チェンジのわずか一年前の一九六六年に、わざわざボディ・デザインを直線基調に変更している。ただし、売れることには売れた。

これを好機と捉えたトヨタは、一九六四（昭和三九）年、アロー・ラインと呼ぶオーソドックスな角張ったデザインで、堂々と見えるRT40型コロナ（当初一五〇〇cc）を発売し、好調な売れゆきを見せた。そして、この410ブルーバードとRT40コロナの販売合戦は毎月シーソー・ゲームの様相を呈し、当時のジャーナリズムはこれを「BC戦争」と名づけた。そして、翌一九六五年には、ついにコロナがブルーバードを圧倒してしまう。

態勢を挽回すべく、日産は一九六七（昭和四二）年、満を持して510型ブルーバード（当初一三〇〇、一六〇〇cc）を市場に投入する。この510ブルーバードは、スーパーソニック・ラインと称するくさび形の鋭角的でスマートなボディ・デザイン、乗り心地、操縦安定性ともに優れた四輪独立懸架サスペンション、新しいOHC（オーヴァーヘッド・カムシャフト）エンジン搭載、また近代的でシンプルな内装といった極めて先進的なクルマであった。

対するRT40コロナは、堂々と立派に見え、太いタイヤで安定感を出したスタイルで、内装も過剰なほど豪華であるが、旧い後輪リジッド・アクスル（固定式車軸）、またこれも旧いOHV（オーヴァーヘッド・ヴァルヴ）エンジン搭載と、技術的な内容は旧態依然たるものであった。

筆者もかつてＲＴ４０コロナをしばらく運転したことがあるが、鈍重の感は否めなかった。いくらトヨタが新技術に慎重だからといっても、これでは５１０ブルーバードの先進性は明らかである。これは、やはり当時のトヨタと日産の技術水準の差としかいいようがない。

しかしながら、残念なことにまたしても当時の日本人は、５１０ブルーバードの先進性を理解できなかった。一時的にブルーバードが売り上げで上回ったことはあったが、最終的に勝利したのはコロナのほうであった。５１０ブルーバードといえば、翌一九六八年に誕生した優秀なローレルや新型スカイライン（三代目）のベースにもなった名車である。このため、クルマをよく知る人の間では、５１０ブルーバードは「悲劇のブルーバード」と呼ばれている。

以降、コロナはブルーバードに勝ち続けることになる。しかも、トヨタはコロナなどの部品をかき集め、急ごしらえでコロナ・マークⅡなるクルマを仕立て上げ、ローレルに対抗したが、先進的なローレルとは比べるべくもないクルマであった。

なお、現在コロナはプレミオ（姉妹車としてアリオンがある）と、またブルーバードはシルフィとその名称を変えている。これは、いつまでも従来からの高齢化した固定客の代替需要に依存するのではなく、もっと若い層など新たなマーケットをも開拓しようという判断からである。

ともかく、こうした「ＢＣ戦争」を通じて、トヨタは、クルマの販売競争においては、技術・性能、デザインが第一義ではなく、いかに消費者（日本人）のメンタリティに合致したクルマを投入するかが重要であることを、冷や汗をかきながらも悟った。

三　第二ラウンド（ＣＳ戦争）

日本のモータリゼーションも進展してきた一九六六（昭和四一）年四月、日産は軽量・軽快でキビキビとよく走るシンプルなデザインの小型車・サニー１０００（Ｂ１０型）を発売した。

当初、サニーは大いに売れたが、同年一二月、トヨタもサニーより僅か一〇〇ｃｃだけ排気量の大きいカローラ１１００（Ｅ１０系）を発売し、ここにまたまたジャーナリズムのいう「ＣＳ戦争」が勃発した。

ここで大問題は、カローラがなぜ一一〇〇ｃｃという中途半端な排気量にしたかということである。トヨタ側では、このころ名神高速道路も開通し、小型車にも高速性能が求められるようになり、特に中速域での加速がサニーとは全然違うといっているが、これでは説明にならない。事実これには巷間二つの説がある。

第一は、日産が一〇〇〇ｃｃの小型車を開発していることを知って、当初一〇〇〇ｃｃで開発していたクルマを、消費者が一〇〇ｃｃでも排気量が大きいほうが見栄を張れるから売れるだろうという理由から、そうしたという説。

第二は、このクラスのクルマに関する技術を持たないトヨタが開発したところ、中型車を小型化したようなクルマになってしまい、重量が計画より増え、排気量を少し大きくしなければならなかったという説である。

筆者は両方の説とも当たっているように思う。しかし、トヨタはこのことを逆手にとって、「プラス一〇〇ｃｃの余裕」というキャッチ・コピーを張った。実に上手いフレーズである。

また、サニーがコンヴェンショナル（伝統的）な横型メーターで3段コラムシフト（ハンドル後ろからレヴァーが出ている）だったのに対し、カローラは初めからスポーティな丸型メーターで4段フロアシフト（とはいっても、妙にレヴァーの長い変なフロアシフトだが）であった。トヨタ側では、このことは慎重なトヨタとしては大英断だったといっているが、事実、そうであろう。

後でも述べるが、トヨタはこのころから一人で運転を楽しむパーソナル市場というものを意識し始め、日産はそれが遅れた。そこで、トヨタはカローラのスポーティなイメージを強調すべく、「カローラは豹」というキャッチ・コピーを与えた。しかし、実際の運転感覚ではサニーのほうがはるかに「豹」らしかった。トヨタはこのカローラにファストバック・ボディ（リアが流線型のボディ）を与えたスプリンターというクルマを追加し、一層スポーティなイメージを高めた。これに対抗して日産は、サニーにも4段フロアシフトのサニー・スポーツとファストバック・ボディのサニー・クーペを追加した。

かくして、小型車としてはサニーのほうが明らかに技術的に優れていたにもかかわらず、よくいえば重厚、悪くいえば鈍重であるが、ボディの外寸がサニーより若干大きく、堂々とした立派な外観、豪華な内装のカローラにたちまち席巻《せっけん》されてしまった。このカローラの外観と内装を豪華にしたという戦術には、先に述べた簡素なつくりのパブリカの失敗が活かされている。

ちなみに、筆者は学生時代、友人とサニーで約二〇〇〇キロメートル、カローラで約一五〇〇キロメートルの距離を走破した経験があるが、サニーは軽快でカローラは鈍重という印象は覆らなかった。

一九七〇（昭和四五）年一月、日産はカローラを意識して、同じく軽量・軽快だが少し大きなサニー1200（B110型）を発売する。このサニー1200のキャッチ・コピーは、「隣のクルマが小さく見えま～す」というあからさまなものであった。もちろん、「隣のクルマ」とはカローラ1100のことである。ただし、サニー1200それ自体は、バランスのよい優れたクルマであった。特にそのA12型エンジンは、OHVながらよく吹け上がり、サニー1200クーペなどは実に長い間レースに使われていた。

しかしながら、同年五月、サニーが一二〇〇ccで登場することを見越したかのように、トヨタはカローラ1200・1400（E20系）を発売する。サニー1200のボディには一四〇〇ccのエンジンは入らない。慌てた日産は、急遽サニーのエンジン・ベイ（エンジンが入るくぼみ）を拡張し、ブルーバード用のL14型エンジンを搭載してサニー1400エクセレントを売り出すが、細長で妙なデザインとなったこともあり、勝敗はすでに決していた。以降、カローラはサニーに勝ち続けることになる。

なお、カローラは相変わらずその名称が続いているが、サニーは現在ティーダ（5ドア。セダンはティーダ・ラティオ）と名称が変わっている。筆者は、トヨタになぜ同じクラスの新車オーリスをカローラとしなかったのか、率直に訊ねてみた。その答えは、カローラは最多量販車種であり、古くからの固定客がたくさんおり、その人たちのカローラに対するイメージを大切にしたということであった。トヨタは律儀だ、というべきだろうか。そのお陰で新しいカローラは、またしても凡庸でまったくつまらないクルマとなってしまった。ただし、そのカローラの本流である4ドア・セダンに初めてアクシオというサブネームがついた。このことは、将来重要な意味を持つかもしれない。

二〇〇九（平成二一）年二月に、このアクシオにターボチャージャーを積んだ「GT」が発売された。しかし、何だか年寄りの若づくりのようで気持ちが悪い。今や「おじんグルマ」と化したカローラのイメージを払拭《ふっしょく》したかったのだろうが、果たして売れるだろうか。アクシオの極度にチューンナップしたモデルは、スーパーGT選手権にも出走させている。
いずれにせよ、カローラは、当時の日本人の「中流意識」をうまくくすぐることで勝利したクルマであり、こういう点では、トヨタは実に上手い。この「CS戦争」においても、「BC戦争」同様、日産の技術がトヨタのマーケティングに負けたということであろう。

第二節　バトルの帰結と「日本車」の成立・品格の形成

「BC戦争」「CS戦争」を通じていえることは、クルマ自体の本質的なよさ、つまり技術的な性能・機能などでは明らかに日産のほうが優れていたが、トヨタは技術的な劣勢をマーケティング面での卓越したマーチャンダイジング（商品企画）能力で補い、最終的には勝利したということである。

その根底には、トヨタの消費者（日本人）の持っているクルマに対するメンタリティ（見栄、虚栄心、中流意識など）の徹底した調査・認識・分析が存在する。トヨタほど、日本人を知悉《ちしつ》しているメーカーはない。悪くいえば、日産の「愚直」に対し、トヨタは「狡猾」であった。そして、このマーチャンダイジングに関しては、先に紹介した「販売の神様」、トヨタ自販の神谷正太郎の貢献が非常に大きい。

ところで、一時期巷でいわれていたフレーズに「技術の日産、販売のトヨタ」というものがある。前者の「技術の日産」は、実際日産自身が自社宣伝に使っており、よくラジオなどから流れていた。先にも述べたように、現在では両者の技術力はほぼ拮抗しており、部分的にトヨタは日産を凌駕さえしている。しかし、技術的にトヨタが日産に追いつくのは一九八〇年代も半ばにさしかかってからであり、当時の技術力では明らかに日産がトヨタに勝っていた。

そこで、必然的にトヨタは販売（またはマーケティング）に力を入れなくてはならず、消費者（日本人）が「よいクルマだ」と思うクルマをつくり、強力な販売網を構築し、売り込んだ。逆に日産は、技術さえ優れていればクルマは自ずと売れるはずだと考えていたふしがあり、これは後述するように、日産の悪弊であった社内技術陣の権力の強さが現れたものであろう。

またトヨタは、これも先に述べたように、消費者（日本人）の上昇志向、すなわち所得の増大や社会的地位の向上に合わせてクルマを選ぶ性向にも目をつけ、それに合致するような車種構成、いわば「トヨタ的ヒエラルキー」を構成し、顧客を自社製品に囲い込むことにも成功する。一方の日産には、こうした意識・認識はあまりなく、車種構成はセグメント別のフル・ラインナップに過ぎない。

加えて、「BC戦争」にせよ「CS戦争」にせよ、技術に劣っていたトヨタは、「安全策」として、まず日産の出方を見定める策を採った。いわゆる「後出しジャンケン」である。その結果、日産車の弱点を巧みに突いたクルマを出し、結局は勝利を収めてしまう。

かくして、「BC戦争」「CS戦争」以降、トヨタと日産の売り上げ格差はじりじりと開いていった。そうすると、トヨタはしだいに安心して万人向けの保守的で凡庸なクルマづくりをするようになる。そのほうが無難に売れるからである。これは日本のクルマにとって、重要な論点である。

特に一九七〇年代に入ってから、保守性・凡庸さが見られるようになり、八〇年代〜九〇年代になると、それはますます顕著になってくる。まず、トヨタのフラッグシップ・カーであるクラウンが保守化・凡庸化し出し、それがしだいにマークII、コロナ、カローラといった下級車種へと下がってくる。一時期、クラウンからカローラまで大きさの違う同じクルマかと思いたくなるようなこともあった。

トヨタ車の凡庸さをしばしば揶揄する言葉に、トヨタの「八〇点主義」というのがある。これはもともと初代カローラの開発の際、開発主査であった長谷川龍雄が、すべてが及第点という意味で掲げたスローガンだったが、一般には誤解され、トヨタ車はすべてがそこそこという意味で使われるようになってしまったのは、トヨタにとって不幸なことであった。しかしそうした誤解にも、保守的で凡庸なクルマをつくり続けるトヨタのイメージが背景に存在したのである。

さて、それでもトヨタのクルマが売れるとなると、後塵《こうじん》を拝した日産以下の各メーカーは、とにかく自社製品が売れるためには、多分にトヨタ的なクルマづくりをしなくてはならなくなる。つまり、保守的で凡庸なクルマということである。

例えば、日産のサニーはカローラの、ブルーバードはコロナの、ローレル／スカイラインはマークIIの、セドリック／グロリアはクラウンの後追い、もしくは二番煎じとなってしまった。追随したほうも悪いのであるが、こうしたことが日本の自動車業界に与えた悪影響は計り知れない。

このようにして、結局トヨタのクルマが、日本のクルマのIT業界でよくいうところの「デファクト・スタンダード」（事実上の標準）となってしまった。これは、ある種他のメーカーを覆う「トヨタの呪縛」という表現をしてもよい。と同時に、「トヨタの呪縛」は、トヨタ流のクルマの品格に対する考え方の他メーカーへの普遍化でもあった。その結果、似たような（凡庸な）クルマが日本中に溢れ、ここに、いわゆる「日本車」なるものが成立することになったのである。したがって、「日本車」の品格とは、半ばトヨタのクルマの「品格」が派生・普及したものといっても過言ではない。

トヨタ自体に関する箇所でも述べたが、こうした論理でトヨタの視角から「日本車」の成立と発展、およびその品格の形成を理由づけた文献を寡聞にして知らない。おそらくこのことは、筆者のように長年日本のクルマの発展を観察してきた者でないと、分からないと思う。また、同じ箇所でも結論づけたが、このことがよかったのか悪かったのかは、よく分からない。

なぜならば、この先を論じようとすると、「日本人論」の領域に入ってしまうからである。それは、本書の範囲を逸脱して、社会学や文化人類学の問題となる。ただし、その後トヨタはコスト・ダウンと品質向上に没頭し（トヨティズム）、「日本車」の名声を世界に広めたことは、称えられてしかるべきである。先に挙げたセルシオ（レクサスLS400）やプリウスなどは、トヨタの技術が新境地を開いたことを、見事に物語っている。

なお付言すれば、最近日産のクルマがとりわけそうであるが、「トヨタの呪縛」から解放された独自のカラーを必死に打ち出そうとしている。これは、後に詳述する「ゴーン改革」の一環だと理解されるが、大体日産は「BC戦争」「CS戦争」以降、トヨタを意識し過ぎた。トヨタに負けた悔しさからだろうか。日産が「トヨタの呪縛」から脱却しつつあることは、日本の自動車業界および消費者（日本人）にとって非常によいことである。日本中が同じようなクルマばかりでは、面白くないと思うのだが、どうであろうか。

第七章
日産の再生（?）と日産車の品格

第一節　日産のかつての問題点

一九九〇年代末、日産は未曾有の経営危機に瀕していた。一九九九（平成一一）年度の連結決算では、経常損失はマイナス六八四四億円と、途方もない赤字を計上し、有利子負債は二兆四八一五億円と、莫大な額に達していた。当時の塙義一（はなわよしかず）社長は、何をどうしてよいかまったく分からない状況だったといっている。

こうなってしまった直接の理由は、もちろん日産がトヨタに負け、ホンダなど他のメーカーには追い上げを喰らい、日産のクルマが売れなくなってしまったからなのであるが、その背景には様々な経営的問題が潜んでいた。

まず第一に、日産の高コスト体質が挙げられる。これは、「カイゼン」などを実施しているトヨタなどに比べ、その甘さは歴然としている。部品やコンポーネンツなどの品質基準も不必要に厳しく、オーヴァー・クォリティ（過剰品質）となり、コストにもろに跳ね返る。上級車種の6気筒エンジン・ラインナップも、一時期セドリック／グロリアにはV型6気筒（V6）と直列6気筒（直6）が混在していたし、ローレル／スカイラインには直6、セフィーロにはV6と、無原則といってよい状態であった。これでは、コスト・ダウンなどできるはずもない。現在では、上級車種はV6に一本化されている。

第二に、ブランド管理の甘さがある。例えば、日産といえば昔は「技術の日産」であった。日産自らそう唱えてはばからなかった。それがトヨタ他のメーカーの技術水準が向上し、このブランドを維持できなくなった。加えて、ダットサン（DATSUN）という長年親しまれたブランド名を、一九七八（昭和五三）年に日本、アメリカ、ヨーロッパで消してしまった。このことによる損失は計り知れないといわれている。

さらに、スカイラインといえば、一九六六（昭和四一）年八月にプリンス自動車を吸収・合併して以来の看板車種であった。当然、ブランド・イメージ・カーに育てられてしかるべきである。しかし、日産はそれを放棄してしまった。二〇〇七年は、スカイライン誕生五〇周年に当たる。この年に生まれたV36型スカイラインが、顧客もディーラーも首をかしげる、フーガの弟分のようなラグジャリアス路線でよいのだろうか。

第三は、マーチャンダイジング（商品企画）の甘さである。一九六〇年代半ばは、日本人のクルマの嗜好も多様化し、パーソナル市場が一挙に花開いた時期であった。このころに、ホンダからはホンダS600、S800、いすゞからはベレット1600GT、日野からはコンテッサ1300クーペ、トヨタからはトヨタスポーツ800、トヨタ2000GT、ダイハツからはコンパーノ・スパイダー、日産からはスカイライン2000GTB、シルビア、ブルーバード1600SSSという名だたるパーソナルカーたちが勢ぞろいしたが、日産はこの趨勢の意味を理解しそこなった。サニーをコラムシフトで出してしまったり、コロナは一九六五年にハードトップを出していたのに、これに対してブルーバードのハードトップは510型の時代に入ってからと後手に回った。

また日産には、挑戦を恐れてしまったり、成功を過少評価してしまうというよくない性癖がある。日産は凡庸でつまらないクルマづくりから脱却しようと、例えば一九九二年にレパードJ・フェリーといった流麗で日本離れした素晴らしいデザインの高級車を出す。ところが、どういうわけか売れない。すると、そこで挑戦をやめてしまう。そういったことを、何度繰り返してきたことか。

さらに、一九八九年のS13型シルビアと180SX、R32型スカイラインはコンセプトもしっかりし、デザインも素晴らしく、どう見ても成功だと思えるのに、日産はネガティヴなことばかり考え、次のS14型シルビアもR33型スカイラインも車体を肥大化させ、デザインも平凡なものにしてしまい、結局魅力を失わせる結果を招いた。こうした日産の消極姿勢は、本当に歯痒い限りである。

第四に、開発主査の頻繁な交代が挙げられる。日本のクルマのモデル・チェンジの周期は、かつてはほぼ四年であったが、日産ではそのたびごとに開発主査が交代することが多く、そのクルマのコンセプトやデザインの一貫性が薄れるという弊害があった。ひどい時には、開発途中で交代してしまうことがあったそうで、例えば一九九三年のローレルがそうであり、スマートなスタイルを優先したい主査が室内空間を確保したい主査に引き継いだため、何とも珍妙なスタイルとなってしまった。

第五は、塩路一郎なる特異な社員の存在である。塩路は一九五三（昭和二八）年、日産に入社するとすぐ第二労働組合会計部長となり、その後、日産自動車労組組合長、自動車労連会長、同盟副会長、自動車総連会長、全民労協副議長、ＩＬＯ（国際労働機関）理事を歴任し、労働組合活動一筋に歩んできた。

川又克二社長は塩路と労組に対し融和政策を採ったが、そのせいもあって塩路は経営にも口を挟み、一九七七（昭和五二）年、社長に就任した石原俊（いしはらたかし）の打ち出した「グローバル１０」（日産の世界シェアを一〇パーセントにする経営方針）を巡っては、石原と川又＝塩路は激しく対立し、その後一〇年近く社内を混乱させたのだからどうしようもない。塩路は豪勢な生活を好み、「塩路天皇」「労働貴族」などと皮肉られたが、しだいにそれに対する不満が鬱積《うっせき》する中、一九八六（昭和六一）年、一切の役職を辞し、翌年には定年退職した。一方、「グローバル１０」も結局日産の財務体質を悪化させるだけに終わった。

最後に、これは重要なことであるが、日産の社風という問題が大きかった。まず東京・東銀座の本社が強大過ぎた。このため、「銀座通産省」と揶揄され、関連会社やディーラーが本社にものをいい難いところがあった。これでは、顧客の生の声などなかなか届くはずがない。これというのも、日産が高学歴の優秀な人材だけを集めた一種のエリート集団で、彼らの潜在的なエリート意識はいつの間にか独善に変わり、無責任体制になりがちであった。このため日産には、「サラリーマン会社」「官僚主義」「お坊ちゃん会社」などというレッテルがついて回った。しかも、社員の昇進は年功序列・順送り人事で、優秀な若手の経営陣への抜擢《ばってき》などなく、モチヴェーションに大きな問題があった。

経営者は経営者で財界活動に執心し、かつてのトヨタの「三河モンロー主義」とはうって変わって、天下国家を論じたがる傾向があった。そして、日産の中でもとりわけ問題だったのは、技術者の権限が強過ぎ、組織的にも優位に立っていたことである。このことは、日産におけるクルマの開発に大きな影をもたらした。このこともあずかって、技術、製造、販売、財務など各部門の間に見えない壁が存在し、セクショナリズムが横溢《おういつ》していた。現在でも、このセクショナリズムは完全に払拭できているか、筆者は疑問に思う。

第二節　ゴーン改革

「BC戦争」「CS戦争」で見たようなマーケティング戦略上の失敗、および前記の問題点など、積年の膿《うみ》が溜まり、日産は一九九〇年代末に経営破綻の瀬戸際に追い込まれた。すでに自力では再建できないほど、日産の体力は弱っていた。

そこで当時の塙義一社長は、外国メーカーとの提携に活路を見出すべく奔走した。まず一九九八年来、ダイムラー・クライスラー（DC）と交渉を続けてきたが折り合いがつかず、一九九九（平成一一）年三月一〇日に打ち切りとなるや、直ちに、すでにオファーのあったフランスのルノーと交渉し合意を見、同年三月二七日、ルノーとの資本提携を正式に発表した。

その主な内容は、まず第一に、ルノーから六四〇〇億円の金融支援（出資）を受ける。そして第二に、カルロス・ゴーン（Carlos Ghosn）氏を副社長兼COO（最高執行責任者）に、パトリック・ペラタ（Patrick Pélata）氏を開発担当取締役に、ティエリ・ムロンゲ（Thierry Moulonguet）氏を財務担当取締役に迎え入れる、というものであった。この時、まだゴーン氏は四五歳、ペラタ氏は四四歳、そしてムロンゲ氏は四八歳の若さであった（以下、敬称略）。日産とルノー両社は、この提携のことをアライアンス（連合）と呼んでいる。

さて、ここからカルロス・ゴーンの日産大改革が始まるのであるが、そのことを記す前に、ゴーンの経歴について簡単に触れておこう。

カルロス・ゴーンはレバノン系のブラジル人であり、一九五四年、ブラジルに生まれ、育つ。一九七八年、フランスの名門・国立高等鉱業学校を卒業し、同年、世界的なタイヤ・メーカーであるミシュランに入社する。そして、ここから彼の大活躍が始まる。

まず、経営が悪化していたブラジル・ミシュランを立て直し、次いで、北アメリカ・ミシュランの会長・社長兼ＣＥＯ（最高経営責任者）時代に、ユニロイヤル・グッドリッチタイヤを買収し、北アメリカ・ミシュランの抜本的なリストラクチャリングを遂行する。こうした功績が買われ、一九九六年、ルノーの上級副社長に迎えられ、国営公団から民営化され、効率の悪かった同社を見事立て直すのである。

そして前記の通り、一九九九年、日産との提携に際して、日産の副社長兼ＣＯＯに就任し、二〇〇〇年六月から同社社長となり、二〇〇一年六月からはＣＥＯも兼ねる。さらに、二〇〇五年四月からは、ルノーの社長兼ＣＥＯも兼務している。大のクルマ好きであり、妻と四人の子供がいる。

ゴーンは、日産の副社長として着任後に、直ちに社内に「クロス・ファンクショナル・チーム」（CFT）と呼ばれる新たな組織を結成した。これは、技術、企画・開発、生産、販売、人事、財務、購買、海外部門などの各主要部門から比較的若手の新進気鋭の社員を抜擢し、先に述べたこれまでの日産の悪弊であったセクショナリズムの元凶である縦割り組織の壁を取り払い、日産の抱える問題点を洗い出し、同社を再生させるためにはどうしたらよいかを、若い柔軟な発想で議論し、意見をまとめることを目的とした組織である。そして、このCFTの成果として策定されたのが、二〇〇〇～二〇〇二年度の中期経営計画「日産リバイバル・プラン」（NRP）であり、一九九九年一〇月一八日に公表された。

このNRPは、実にドラスティックな内容で、一九九九年度現在と二〇〇二年度目標を比較すると、まず組立工場を東京・村山工場の閉鎖などで七カ所から四カ所へ、部品工場を四カ所から二カ所へ、生産能力を二四〇万台から一六五万台へ、そしてこれに合わせて、従業員を一四万八千人から一二万七千人へ、さらに取引会社を一千一四五社から六〇〇社へとそれぞれ削減するなどといったものであった。まさに、「コスト・カッター」と異名を取るゴーンの面目躍如たるところであるが、これに一番驚いたのは部品などを納めている取引会社だったという。

しかし、この難題と思われた三カ年計画を、日産はたった二年で達成してしまった。この結果、日産の二〇〇二年度決算では、売上高は六兆八五〇〇億円、営業利益は七三七〇億円、そして有利子負債はゼロと、見事Vの字回復を遂げた。

加えて、日産の開発体制、とりわけデザインに問題があると考えたゴーンは、いすゞに在籍していた中村史郎を、NRP公表の二日前に開発部門の統括責任者として、日産に招き入れた。中村は、世界で十指に入るカー・デザイナーで、二〇〇一（平成一三）年六月の定例株主総会で取締役となり、二〇〇六年からは常務執行役員でチーフ・クリエイティブ・オフィサーを務める。一時、テレビCMにも顔を出していたから、ご存知の方も多いであろう。この中村の急な登用は、いかにもゴーン一流の人事であった。

NRPを二年で達成した日産は、二〇〇二～二〇〇四年度のポストNRPの中期経営計画として、「日産180（ワン・エイティ）」を策定し、実施した。NRPの主眼が、まずコスト削減に置かれていたのに対し、「日産180」の主眼は、日産のブランド力の回復、つまり売れるクルマをつくるということである。

この「180」の「1」は販売台数の一〇〇万台増を、「8」は営業利益率八パーセント達成を、「0」は有利子負債ゼロをそれぞれ象徴している。そして、この計画の結果、販売台数の一〇〇万台増を見事達成したことを受けて、二〇〇五（平成一七）年九月末、ゴーンは「日産の完全復活」を声高らかに宣言した。

さらに、日産再生策の第三弾に当たる二〇〇五～二〇〇七年度の中期経営計画として、「日産バリューアップ」を策定し、実施した。この計画の目標は三つある。

第一は、計画年度末までに年間グローバル販売台数四二〇万台を実現させることである。このため国内では、一〇二万台（二〇〇四年度に対し一五万台増）の販売を目指し、計画期間中に全世界で二八車種の新型車を投入する。第二は、自動車業界でのトップレヴェルの収益性の維持である。そして第三は、投下資本利益率を二〇パーセント以上に維持することである。

しかしながら、前記の計画目標値達成は難しい情勢となり、「日産バリューアップ」は二〇〇八年度末（二〇〇九年三月）まで一年先送りされたが、もしその時までにまた目標が達成されていないとすると、日産の経営陣が苦しい立場に追い込まれることを避けるためか、この「日産バリューアップ」を何と途中で打ち切ってしまい、二〇〇八〜二〇一二年度の五カ年長期計画「日産GT2012」に移行してしまった。

この「GT」の「G」は成長（グロース）を、「T」は信頼（トラスト）を意味している。この計画では三つのコミットメントを掲げており、第一は、品質領域でのリーダーとなることであり、商品（クルマ）だけでなく、サービス、ブランド、マネジメントなどあらゆる領域でトップレヴェルを目指す。第二は、ゼロ・エミッション車でのリーダーとなることであり、二〇一〇年から日本とアメリカで発売する電気自動車をグローバルに展開してゆく方針である。第三は、計画五年間の売上高を年平均五パーセント拡大させることである。

以上のように、これまでの中期計画に比べ目標がやや抽象的になっているのが分かるであろう。だが、そのお陰で向こう五年間は、現経営陣は安泰である。

ちなみに、日産の二〇〇九（平成二一）年三月期連結決算（アメリカ会計基準）によると、売上高は八兆四三七〇億円、営業損失は一三七九億円、当期純損失は二三三七億円、世界販売台数は三四一万一千台にとどまり、トヨタ同様、急速な景気低迷の影響を受けているのが分かる。

こういった事情から察せられるように、二〇〇六（平成一八）年辺りから、再び日産の業績低迷が際立ってきた。日産のクルマが売れないのである。期待のV36型スカイラインもあまり売れているようには見受けられない。二〇〇七（平成一九）年一〇月に追加された同クーペと、同年一二月に発売されたGT-R、および二〇〇八（平成二〇）年一二月に発売された新型フェアレディZに期待がかかるところではあるが、いずれもそれほど量がはける車種ではない。提携先のスズキや三菱からOEM供給を受けた軽自動車（MRワゴン→モコ、アルト→ピノ、eKワゴン→オッティ）を売って、糊口をしのいでいるようでは、情けないではないか。おそらく、これには日産の多くのクルマが上品で都会的過ぎるという理由があるように思える。これでは、地方で苦戦を強いられるであろう。

トヨタのように、トヨタ擁護派の反論を覚悟でいえば、どこか俗っぽいクルマをつくれとは主張しない。それが日産の持ち味なのだから。しかし、このままではいつ再び経営危機が訪れるとも限らない。もちろん、ゴーンのことだから、われわれが驚くような秘策を練っているのだろう。ジェネラル・モーターズ（GM）の業績不振に端を発した日産＝ルノーとGMとの提携構想も、その一環だったかもしれないが、脆くも崩れてしまった。今後の日産がどのような道を歩むのか、注目されるところである。

なお、現在日産は、リーズナブルな価格で高性能な電気自動車を鋭意開発中であり、「日産GT2012」にあるように二〇一〇年度内には販売を開始する予定である。まだどのようなクルマか明確ではないが、ゴーンは電気自動車はリーズナブルでないと普及しないと明言しており、ことによると充電方式でなく、電池をカセットにした交換方式を採るのかもしれない。これがもし成功すれば、クルマ社会が大きく変わる可能性がある。やはり、日産の基礎技術力には恐ろしいものがあるというべきだろうか。

第三節　日産車の品格

日産も、トヨタの「レクサス」と同様に、アメリカを中心に「インフィニティ」というブランドの高級車ディーラー網を展開している。これは、レクサスLS400（セルシオ）に対抗して、インフィニティQ45という高級車をアメリカ市場に投入したことに端を発する。しかし、Q45というクルマは、レクサスLS400に比べ短期間で開発したため、性能・品質がレクサスより劣り、惨敗してしまう。

七宝焼きのエンブレムや漆塗りのインテリアなどという「日本的」アイディアを多用したが、肝心のボディ・デザインが高級車然と見えないことが、大きく作用したように思う。国内的にもあまり売れなかった。しかし、アメリカにおけるインフィニティ・ブランドは徐々に浸透し、今では多くの日産の高級車がインフィニティのブランドの下に売られている。トヨタのように、アメリカでの成功に気をよくして日本国内で展開するのを思いとどまったのは賢明であった。

日産車は、それぞれ個性はあるが、ラインナップ全体としての統一感がない。上はシーマからシルフィに至るまでの高級車から中級車まではフロントグリルの形状イメージを横棒を並べた感じに共通化したりしているが、ただそれだけのことである。トヨタ車のように、凡庸ながらも「あぁ、トヨタのクルマだな」と思える何かがない。だから、トヨタ車にブランドがあるかどうかは別として、日産車にブランドがなかなか身に着かない。ただし、これは日産の個々のクルマにとっては、かえって幸せなことかとも思う。それぞれの個性を遺憾なく発揮できるからである。

それでは、どういう日産車が品格のあるクルマか、高級車から順に選択してみよう。

まず、価格が一番高いGT－Rであるが、これはただ速いだけの下品極まりないクルマである。ボディ・デザインが無骨でどうしようもない。クルマの将来の展望については、そのかけらもない。なぜゴーンがこのクルマを日産のフラッグシップにしようとしているのか、理解に苦しむところである。

また、新しいフェアレディZは、確かに先代に比べ車重も軽くなり、ボディ・デザインもシャープになってよくはなった。しかし、ただそれだけのことで、品格があるとはとても思えない。

シーマとフーガはそれなりに性能もよく、高級感はあるが、これも発想はトヨタのクラウンと同じで、堂々と立派に偉そうに見えることを基本としている。再度主張するが、こういうことは真の品格とはいわない。

日産の高級車の中で、やはり気になるのはスカイライン、とりわけスカイライン・クーペである。スカイライン・クーペといっても、実はスカイラインとはまったくといってよいほど別のクルマである。スカイラインは、直6エンジンを積んだR34型からV6エンジンを積んだV35型に移行する時、大きく変わった。マークII（マークX）「もどき」から脱却したのである。しかし、スカイラインはスポーティ・サルーンでありながら、マークII的なラグジャリアスな高級車という位置づけは変わっていない。後継のV36型スカイラインもまさにそうである。スカイラインがそれでよいのかと思う。

しかし、スカイライン・クーペは違う。まず、ボディ・デザインが躍動感のあるスポーティなものであり、かつ非常に美しいデザインである。インテリア・デザインもセダンよりもはるかにスポーティである。ただし、このスカイライン・クーペは主にアメリカ向けで、アメリカなどではインフィニティG37として売られているため、特に横幅が広く、日本では使いづらいであろう。しかし、このクルマが品格のあるクルマであることは、一見しただけで分かる。

その次に品格のある日産車だと思うのは、FF（フロントエンジン・フロントドライヴ）つまり前輪を駆動する高級サルーンのティアナであろう。二〇〇八（平成二〇）年、モデル・チェンジし、より洗練された二代目となった。

ティアナは、もともとそれまでのローレルやセフィーロを統合する形でき上がった高級車である。クラウン・クラスのかなり外寸の大きなクルマであるが、あえて堂々と立派に偉そうに見せようとしていないところがとてもよい。単なる「ハッタリ」で乗るクルマではなく、乗る人の品格を感じさせるクルマである。街でホワイトパール色のティアナを見かけると、筆者はつい足を止めてしまう。

ティアナの大きなテーマは、そのインテリア・デザインにある。日本的なシンプルでナイーヴな感覚をうまく取り入れている。これも、エクステリア同様にやたら豪華に偉そうなインテリアにしていない。運転席に座ると、とても落ち着く室内空間であることが分かる。日産では、このティアナのインテリア・デザインのテーマを「おもてなし」（OMOTENASHI）と呼んでいる。今風にいえば、ホスピタリティといったところか。助手席や後席に座った人も、おそらく「もてなされた」気分が味わえるであろう。

残念ながら、二〇〇八（平成二〇）年に生産が終了してしまったが、三代目プリメーラもとても品格のあるクルマであった。初代・二代目はヨーロッパ車的なサスペンションのセッティングで高い評価を受けたが、三代目はそれが薄められた代わりに、上品で都会的なボディ・デザインを与えられた。セダン、ワゴンともに、とてもよいデザインである。セダンのデザインは、ヨーロッパのデザイン・スタジオの手になるもので、ボンネットと前進させたキャビン（客室）と極めて短いトランクとをアーチ状のラインで結んだワンモーション・フォルム的な造形である。

しかし、三代目プリメーラは、その都会的なデザインが災いしてか、初代・二代目ほどには売れなかった。日本人は、一体都会的ということと、クルマのデザインというものをどのように考えているのだろうか。

ティーダは実質的にサニーの後継モデルである。5ドア・ハッチバックで、リアに跳ね上げ式のドアを持つ。ティーダ・ラティオはティーダの4ドア・セダン版である。ゴーンは、サニーの名を残したかったらしいが、それでは売れないと周りに説得され、結局伝統あるサニーの名は消えることとなった。長い間、サニー1200に乗っていた筆者には、感慨深いものがある。

日産は、ティーダを「ラグジャリアスなコンパクトカー」として売り込もうとしているが、それは少しおかしい。ティーダはラグジャリアスでもなければ、コンパクトカーでもない。ごく普通の小型車である。日産は、むしろティーダの都会的で上品な雰囲気をこそ消費者に訴えるべきである。ティーダは、宿敵で凡庸なカローラとは比べるべくもない。しかし、おそらくカローラのほうがよく売れているのであろう。クルマの品格とは、難しいものである。

品格という言葉を誤解されては困るが、上品なキュートさというのも立派な品格である。三代目キューブはそういうクルマである。全体に角張ったフォルムであるが、随所に曲面を使用し、品よく見せている。筆者は、基本的にミニヴァンというものがあまり好きではないが、これなら買ってもよいなと思わせる品格を持っている。

第八章
ホンダ・その他のメーカーとクルマの品格

第一節　ホンダの躍進とホンダ車の品格

一　ホンダの躍進

ホンダは、二〇〇〇（平成一二）年、軽自動車を含む国内販売シェアで老舗の日産を抜き、国内第二位のメーカーとなった。現在では、かなり日産をリードしている形である。また、二〇〇二（平成一四）年、何とホンダ・フィットがトヨタ・カローラから、三四年ぶりに最多量販車種の座を奪還するという快挙を成し遂げた。実はこのことは、消費者（日本人）のクルマに対する嗜好の変化をある意味で裏づける重要なファクトなのであるが、フィットが売れたこと自体には、それなりの理由がある。

まず第一に、ホンダらしいスポーティ・イメージを持ったコンパクトカーだということ。これは、スポーティな外観と内装、キビキビとした運転感覚などに代表される。第二は、広大な室内によるミニヴァン的実用性である。これは、燃料タンクを車体中央に置くことで可能となった。第三は、その低燃費である。リッター当たり二四キロメートルは走る。第四は、ホンダお得意のクラスレス（無階級）感である。これは、アンチ「トヨタ的ヒエラルキー」といってもよい。乗っていて恥ずかしくないということが重要である。そして最後は、そのリーズナブルな価格設定である。必要十分な中級グレードで一一〇万円強というのは、当時驚きであった。まさにフィットは、ホンダ躍進の象徴であるといえよう。そのフィットも、二〇〇七（平成一九）年一〇月フル・モデルチェンジされ、より洗練された二代目となった。

ちなみに、ホンダの二〇〇九（平成二一）年三月期連結決算（アメリカ会計基準）によると、売上高は一〇兆一一二億円、営業利益は一八九六億円、当期純利益は一三七〇億円と、かろうじて黒字を確保した。また、世界販売台数は三七八万三千台であった。ただし、国内販売台数は二〇〇二（平成一四）年度の八九万一千台をピークに、最近では六〇〜七〇万台程度と低迷を続けている。

ホンダは確かに躍進した。しかし、ホンダが真に躍進したといえるのは、ここ一五年ぐらいのことである。その理由は、ひとえにミニヴァン路線が的中したことによる。

ホンダは、一九九四年のオデッセイを皮切りに、ステップワゴン（一九九六年）、そしてストリーム（二〇〇〇年）などのミニヴァンを次々に投入し、これらが爆発的に売れた。これを見た他のメーカーも、ホンダに負けるなとばかりにミニヴァンを売り出し、いつの間にか日本はミニヴァン天国になってしまった（筆者には、日本人がミニヴァンを好む理由がよく理解できない）。

こうした中で、ホンダはミニヴァンの新車開発とモデル・チェンジを続け、今やホンダは、ミニヴァン・メーカーのような様相を呈している。しかし、そろそろミニヴァン・ブームにも翳《かげ》りが見え始めた。変わり身の速いホンダが次に打って出る戦略は、おそらく環境対策であろう。つまり、ハイブリッド車を多く出し、近い将来燃料電池車を登場させる可能性がある。そうなると、すでにハイブリッド車を多く出しているトヨタとよい勝負になるかもしれない。

二　普通乗用車メーカーまでの苦難

ホンダは、戦後の一九四六（昭和二一）年、創業者の本田宗一郎とその協力者である藤沢武夫が、本田技術研究所を設立したことに始まった。両者はその後、技術面と経営面を分担することになる。彼らは、ここでまずエンジンつき自転車を生産する。そして二年後の一九四八（昭和二三）年、今日まで続く本田技研工業（株）すなわちホンダを創立し、二輪車メーカーとして再出発する。以降、数々のオートバイを生産し、一九五八（昭和三三）年には、超ロングセラーとなるスーパーカブを発売する。しかし、本田宗一郎は、ホンダをゆくゆくは四輪車メーカーにしたいと考えていた。

そして、ホンダが最初に世に問うた四輪車は、何とスポーツカーであった。ホンダのスポーティ・イメージは、すでにここから始まっている。ホンダは一九六三（昭和三八）年、スポーツカーS500と軽トラックT360を発売する。このS500はコンセプトカーのS360の排気量を大きくしたもので、スポーツカーだけでは採算が取れないと見てつくったのが軽トラックT360であった。

このT360には、何とS360用のDOHC（ダブル・オーヴァーヘッド・カムシャフト）エンジンが積んであった。S500は、排気量増大と改良を重ね、S600を経て、一九六六（昭和四一）年には、最終形S800として発売される。しかしながら、スポーツカーのマーケットが元来そう大きいはずもなく、これらのスポーツカーの販売は、ホンダの経営の足を引っ張る結果となった。

そこで、もしこれが売れなかったら、四輪車事業から撤退しようという覚悟で送り出したのが、一九六七（昭和四二）年の軽乗用車N360であった。N360は、当時の軽自動車（スバル360など）の常識からすると、いかにもホンダらしい相当変わったクルマであり、駆動方式はFFで、空冷の4サイクルOHCエンジンは最高出力三一馬力（グロス）を絞り出し、最高速度は時速一一五キロメートルにまで達する。常時嚙合式のトランスミッションのシフトトレヴァーは、ダッシュボードの下から突き出ていた。これで価格が三一万五千円の安さだったから、このN360は爆発的な人気を博した。

かくいう筆者が初めて保有したクルマが、このN360であった。当時はタイヤが貧弱だったせいもあって、運転するとFF車特有のアンダーステティア（コーナリング時に外側に膨らんで回る傾向）が強いが、それに慣れれば、むしろ運転が楽しいクルマである。四人フルに乗っても、時速八〇キロメートル辺りの巡航はまったく安定していた。

後に、このN３６０には欠陥車騒動が持ち上がるが、これは初期のFF車の特性、例えばタックイン（コーナリング中にアクセルを緩めると、急に内向きになる傾向）などに、運転者がパニックを起こしたためと考えられ、結局N３６０が欠陥車だという結論には至らなかった。

N３６０の成功に気をよくしたホンダは、一九六九（昭和四四）年、またまた普通乗用車の発売に踏み切る。それがホンダ１３００である。このクルマは、N３６０と同じくFFで、４気筒の空冷エンジンを搭載していた。強力モデル（タイプ９９）では一一五馬力（グロス）をたたき出した。しかし、馬力が強いだけ同時にFFの癖も強く、非常に乗り難いクルマとなってしまい、またしても販売不振に陥ってしまった。後にクーペを追加しても、回復は叶わなかった。

しかし、一九七二（昭和四七）年、ホンダは乾坤一擲《けんこんいってき》再び勝負に出る。それが今日まで続くことになるシビック（一二〇〇cc）の発売であった。

シビックは、FF、２ドア、２ボックス・タイプの小型車で、後にハッチバック・モデルが追加された。シビックは、それまでのカローラやサニーなどを見慣れた目には非常に新鮮に映った。小型車というのは、これでよいのだと思わせる説得力があった。

これは、例えばフォルクス・ヴァーゲン（VW）のゴルフの場合と同様である。しかも、どことなく知的にさえ見えた。つまり、シビックはそれまでの日本の小型車の既成概念を見事に打ち砕いたわけである。そして、それはシビックの爆発的人気につながった。

翌一九七三年には、ホンダはシビックに一五〇〇ccの4ドア・モデルを追加した、この一五〇〇ccモデルは、、先に述べた低公害CVCCエンジンを搭載し、昭和五〇年排出ガス規制をクリアして、まさに時代に適合したクルマとして認知された。

かくして、ホンダはシビックで普通乗用車メーカーの地位を確立した。以降、今日までホンダは、アコード、プレリュード、シティ、インテグラ、レジェンド、インスパイア、NS-X、オデッセイ、S2000、ストリーム、フィット（以上、主要車種のみ）などを世に問うてきた。

当初インテグラに搭載されたVTEC（可変ヴァルブタイミング・リフト機構）エンジンは、NS-XやS2000などにも搭載され、現在ホンダの看板エンジンとなっている。そして、こうしたホンダの発展を見つつ、一九九一（平成三）年、創始者である本田宗一郎は逝去した。享年八四歳であった。

三　ホンダのディレンマ

大型書店にゆくと、書架にはホンダに関する書籍がずらりと並ぶ。トヨタに関する書籍と同じく、どれもこれもホンダ礼賛論ばかりである。そこには、「ソニーと並ぶ戦後の奇跡の成長企業」「ホンダイズム」（＝ホンダのキャッチ・コピーでもある）「ホンダ・スピリット」（＝本田宗一郎の精神の継承）「戦略的な会社」「チャレンジングな会社」「若々しい自由闊達な会社」などという表現が躍る。

確かに、ホンダのそういった側面は否定できず、それがホンダというブランドの根底を成している。そして、ホンダのクルマのイメージは、第一に、スポーティであるということ、第二に、VTECエンジンに代表されるようなよく回る優秀なエンジンを積んでいるということ、第三に、初期のシビックやフィットに見るようなクラスレスな演出が巧みだということなどである。

中でも、ホンダのクルマはスポーティである、またスポーティでなければならないというイメージは非常に強い。早くいえば、これがホンダのブランドのすべてなのである。しかし同時に、まさにそこにこそホンダの抱える問題点が散在する。

まず、ホンダは今や年間売上高一〇～一二兆円の巨大企業である。スポーティなクルマだけでは、到底この業容を維持できないことは明らかである。まさにそこにこそ、ホンダ最大のディレンマがある。

実際、ホンダが売っている主要なクルマ、すなわちシビック、アコード、フィット、ミニヴァン群などはごく普通のクルマである。そこに、スポーティなイメージを無理やり与えようとするから、時折妙な問題が出てくる。例えば、一九八〇年代中ごろのホンダ車は、一様に車高が異常に低かった。シビック、インテグラ、アコード、プレリュードなどは皆そうである。それもこれも、とにかくホンダのクルマのスポーティさを強調すべく、これらのクルマにスポーティなスタイルを与えたかったためである。

このように、ホンダという会社は、ひとつの方向が決まると、そこに向かって「雪崩《なだれ》的指向性」を示すことがある。先に述べた一九九〇年代以降のミニヴァン路線もまさにそうである。

また、一九九〇年代には、レジェンド、インスパイア、ビガー／セイバーなどのセダンにFFミッドシップという理解に苦しむエンジン搭載方式を採用した。これは、FFでありながら原則に反し、エンジンを前輪の後方にマウントするという方法である。これだと、確かに重量配分がよくなり、コーナリング時の回頭性も向上するが、前輪の加重が減るのでトラクション（駆動力）が悪くなるという致命的な欠陥を持つ。それを承知の上で、ホンダは「確信犯的に」これを行った。これも、前輪が前のほうに位置するFR（フロントエンジン・リアドライヴ）車的なスポーティなプロポーションがほしかっただけというのが、本心であろう。

さらにホンダは、ミニヴァンの初代ストリームを開発する際、「スポーティなミニヴァン」という珍妙なコンセプトを持ち出した。本来、スポーツカーとミニヴァンに求められる性格は別物である。しかしここでも、スポーティ・イメージに振り回され、中途半端なクルマができ上がってしまった。

ところが、これが売れゆき良好だったため、前述したように、トヨタがウィッシュで追随した。何をかいわんやである。最近では、これもスポーティ・イメージのためか、低床・低重心ミニヴァンという奇策を打ち出してきた。

以上見てきたことから、とても「ホンダのデザインは優れている」などと軽々にいえないことが分かるであろう。それを聞いたら、クルマをよく知る人は、それはどうかと思うはずである。

次に、スポーティといえば、エンジンが重要な要素となる。ホンダのエンジン技術には昔から定評がある。ホンダのエンジンは高回転型が多く、VTECエンジンもその一種と見てよい。高回転型エンジンの最たるものは、F1マシンに搭載するエンジンであるが、長引いた不況のせいで、ホンダといえどもF1に優秀な技術陣を割く余裕が以前よりなくなってきた。

近年ホンダがF1でなかなか勝てなかった原因もそういうところにあるのかもしれない。そこへトヨタが参戦して、ホンダを抑え込もうとした。ホンダとしても優秀なエンジンを武器にそれを阻止したかっただろうが、最近の深刻な景気低迷には勝てず、残念ながらF1それ自体からの撤退を決めてしまった。

最後に付言すれば、確かにホンダはエンジン技術には優れているが、全般的な基礎技術力がいまだ脆弱である。例えば、シビックのハイブリッド車はトヨタ・プリウスに三年の遅れをとっている。このため、日産はハイブリッド車を出していなくとも、トヨタが真に恐れているのは、ホンダよりもむしろ日産の基礎技術力だといわれている。ただし、ハイブリッド車に関していえば、後述するように、ホンダはトヨタに追いつきつつある。

四　ホンダ車の品格

品格のあるホンダ車を選ぶとすれば、何があるか。まず、挙げてみたいのはスポーツカーのS2000である。しかし、S2000は、惜しいことに二〇〇九年六月をもって生産が終了してしまった。これで、ホンダからは唯一のFR車であり、純粋なスポーツカーであるクルマが消滅することになる。

S2000は、ホンダの意地を見せたようなクルマで、ホンダお得意のVTECエンジンを搭載した極めてオーソドックスなスポーツカーである。「これがスポーツカーだ」といわんばかりの佇まいである。クルマ好きな若者の中には、熱烈なS2000信奉者も多い。ただ、惜しいことに、ボディデザインをあまりにオーソドックスにし過ぎて、平板なスタイルになってしまった。もう少しヴォリューム感を出してもよかったように思う。しかし、オーソドックスに徹しているからこそ、われわれはそこにある種の品格を感じるのかもしれない。

フィットが相変わらず売れている。またもや、二〇〇八年の最多量販車種の座をカローラから奪った。初代のフィットが売れたこととその理由はすでに述べたが、フィットの先代に当たるロゴが手抜きの安物でどうしようもないクルマであっただけに、やはりホンダが本気になると凄いという評判が立った。

初代のフィットのボディ・デザインは、ワンモーション・フォルムに近いものであったが、筆者は、なぜコンパクトカーなのにあれほど荷室を大きく取る必要があるのか、どうもデザインに不自然さを感じたが、購買層にはその実用性が受けたらしい。すでに記したように、二〇〇七（平成一九）年に二代目となったフィットは、キープ・コンセプトながら、ほぼ完全なワンモーション・フォルムとなり、非常に洗練されたよいデザインとなった。荷室が多少長い不自然さも消えた。乗っている人のインテリジェンスを感じさせるデザインである。まさに、そこにフィットの品格がある。もともとキビキビした運転感覚のフィットのスポーティ・ヴァージョンであるRSの5速マニュアル・シフト車で山道などを飛ばすのは、さぞ楽しいことであろう。

一九九九（平成一一）年、トヨタのプリウスに対抗して、「うちだって、ハイブリッド車ぐらいつくれるんだ」とばかりに発売されたのが、初代インサイトであった。しかし、このクルマは実験車的性格が強く、軽量化のために高価なオール・アルミボディにした、つくれば赤字になるという代物であった。ボディ・デザインは、クーペともスポーツカーともつかない、何とも評しようのないデザインであった。しかし、その後シビック・ハイブリッドで経験を積んだホンダは、満を持して二〇〇九（平成二一）年二月に、二代目インサイトを発売した。

ホンダでは、二〇〇八年以降に出す環境に優しいクルマを「ホンダ・グリーン・マシーン」と呼ぶことにしたが、その第一号となる。初代とは打って変わって実用的なごく普通のクルマとなった。ベースモデルが一八九万円という安さだから、これは売れるだろう。ボディ・デザインは、最近のホンダお得意のワンモーション・フォルムであるが、あまりにも二代目プリウスに似ていやしないか。ただし、二代目プリウスよりも新しい分、先進的で新鮮なイメージを持つ。二代目インサイトに何かしらの品格を感じるのは、そのせいかもしれない。

実用燃料電池車の日本第一号になりそうなのが、FCXクラリティである。すでにリース販売されており、一〇年以内に市販される予定だという。FCXのFCとは、フューエル・セル（燃料電池）のことであろう。

全長が四・八メートル、全幅が一・八メートルをそれぞれ超えるかなり大柄なクルマであるが、電気モーターというのはもともとトルクが太いので十分なのであろう。ボディ・デザインは、これだけの大柄なクルマには珍しく、完全なワンモーション・フォルムである。未来を感じさせるデザインで、けっして悪くはない。ただし、トランクが異常に大きい理由がよく分からない。デザイン上の理由だろうか。とにかく、FCXクラリティはホンダの意欲作であり、ホンダの技術力を実感させる品格のあるクルマである。

第二節　その他のメーカーとクルマの品格

一　マツダとマツダ車の品格

マツダ（旧東洋工業）は、世界で唯一ロータリー・エンジンの実用化に成功した自動車メーカーである。元はオート三輪車などをつくっていたが、一九六〇（昭和三五）年、軽乗用車R３６０クーペを発売し、四輪車マーケットへ進出するとともに、同年、早くもロータリー・エンジンの研究・開発に着手する。その後、ファミリアで普通乗用車メーカーの地歩を固めた。

一九六七（昭和四二）年、最初のロータリー・エンジン車のコスモ・スポーツを発表し、同エンジンはファミリアなどにも搭載されるが、ロータリー・エンジンの性格として、燃費が悪い、排出ガスが汚いといった欠点があり、特にそのことは、第一次石油危機後のロータリー・エンジン車の販売不振として表面化した。このため経営危機に陥ったマツダは、住友銀行（現三井住友銀行）などからの緊急融資その他で乗り切り、一九七九（昭和五四）年にはフォードと業務提携し、その後提携を強化する。このため、一時は「日本フォード」のような存在となったが、最近フォードは出資比率を半分以下に減らした。

ロータリー・エンジンは、企業的に見れば明らかに失敗であった。排出ガスの問題は改善されたものの、燃費の悪さはいかんともし難く、現在ではオーナーが燃費を気にしないようなスポーツカーのＲＸ－８にしか積まれていない。マツダでは、水素エンジンへの転用などを考えているのであろう。

マツダの大失敗はもうひとつある。それは、かのバブル期に売り上げの急増を目論《もくろ》んで、何と五チャンネル（マツダ店、アンフィニ店、オートラマ店、ユーノス店、オートザム店）に販売網を拡げてしまったことである。このため、マツダは各系列へのクルマの供給に大わらわとなった。そして、バブルの崩壊とともに、この五チャンネル体制は夢と消えた。ただし、この時代にマツダが世に送り出したクルマには素晴らしいものも多く、例えば高級感のある中型車というコンセプトのユーノス500などのデザインはとりわけ秀逸である。実際に乗ってみても、スムーズで静かなクルマであった。

現在マツダは、「Zoom-Zoom」という外国の子供が口にするクルマの擬音をスローガンに、スポーティなブランドになろうと必死になっている。そして、それはある程度成功しているといえよう。RX－8、ロードスターというスポーツカーを筆頭に、アテンザ、MPVといった普通のクルマにもスポーティな演出を加えて売っている。コンパクトカーの新型デミオがスポーティなスタイリングで登場したし、新しくなったアクセラも非常にスポーティで日本離れしている。しかし、ホンダのディレンマでも述べたように、これから先スポーティ路線だけで業容を拡大するのは難しいであろう。

マツダは、デザイン力のあるメーカーである。二〇〇二年に生産を終えたRX－7は、どことなくクラシカルな品格のあるスポーツカーであった。その後を継いだRX－8も、大人四人が十分乗れる室内空間を確保しながら、それを感じさせないくらいによく考え抜かれた上品なデザインのスポーツカーである。ある工業デザイナーがRX－8のデザインを絶賛していたが、筆者も同感である。しかし、マイナーチェンジして多少下品にしてしまったのはなぜだろう。

デミオも、コンパクトカー概念を見直した流麗なデザインで新鮮味がある。「二〇〇八ワールド・カー・オブ・ザ・イヤー」を獲得したことは、品格の証《あかし》として賞賛されてよい。新型アテンザもクラウン・クラスの大きさを持ちながら、クラウン的な趣向とはまったく逆の流麗でスポーティなデザインであり、それなりに品格がある。担当したデザイナーは、今回は自分の思い通りのラインに仕上がったと喜んでいるそうである。ただし、マツダ車共通の欠点は、インテリアの質感が低いことである。こういうところでコスト・ダウンして、マツダは利益を出しているのであろう。しかし、全体としてマツダには、ぜひこのまま優秀なボディ・デザインの能力を保持していってほしい。

二　三菱と三菱車の品格

三菱自動車は、遡れば戦前の三菱造船の自動車製造までゆき着くが、現在の三菱自動車は、戦後の財閥解体による新三菱重工の自動車製造部門から始まると見てよいであろう。同社は、一九五九（昭和三四）年、「国民車育成要綱」に基づく三菱500を発売、その後、旧三菱重工三社が合併し、三菱重工が再発足、一九七〇（昭和四五）年、クライスラーの資本参加を前提に自動車部門が分離され、三菱自動車工業（株）（以下、三菱と略称）が設立される。三菱は、一九八七（昭和六二）年、ダイムラー・ベンツとも提携している。

三菱には、一九六九（昭和四四）年にギャラン1300・1500を出すまでは目立ったクルマがなく、コルト・シリーズを細々とつくる地味なメーカーであった。しかし、分離・独立後は、ミラージュ、ランサー、デボネア、ディアマンテ、GTO（主要車種のみ）などを次々に発売し、とりわけSUV（スポーツ・ユーティリティ・ヴィークル＝四輪駆動の多用途車）のパジェロは、バブル期にはプレミアムカーとして人気を博した。

ところが、二〇〇〇（平成一二）年八月、三菱がリコール（欠陥を公表、無償修理し、国土交通省に届ける措置）を隠したとして、警視庁の捜査を受ける事態となった。このことは、マスコミで大きく取り上げられ、三菱に対する国民の信頼が揺らぎ、業績が大きく落ち込んでしまった。そして、その後も一向に業績が回復しない三菱に業を煮やしたDCは、事前通告もせず、二〇〇五（平成一七）年一一月、保有する三菱の全株式をアメリカの大手金融グループに売却してしまった。これで三菱は、三菱グループの支援を受けながら、自力再建を探るしかなくなった。

とにかく、三菱はこの一連の経緯で経営戦略が混乱した。コンパクトカーのコルトの開発は遅れに遅れ、二〇〇二（平成一四）年末に発売された時には、すでにヴィッツ、マーチ、フィットなどがマーケットを埋め尽くしていた。

現在、三菱のクルマで人気が高いのは、ランサーのチューンド・モデルであるエボリューション・シリーズぐらいであるが、ただ速いだけで、正直いって品のないクルマである。ギャラン・フォルティスも威嚇するような妙に厳《いか》つい顔つきのセダンで、下品としかいいようがない。

しかし、二〇〇六（平成一八）年一月に発売された軽乗用車のi（アイ）は、これまでの軽自動車のコンセプトを覆す素晴らしいクルマである。フロント・ガラス面を大きく取った、ワンモーション・フォルムのボディ・デザインである。エンジンはリア・アクスルよりやや前方にマウントされたミッドシップもどきなので、運動性能は非常によい。

筆者は、開発途上のこのクルマを見て、何と斬新なパッケージングとデザインかと感心した。寸法の限定された軽自動車で品格を出すのは難しいが、このクルマにはそれがある。ただし、悪くいえば、このクルマはDCのスマートの車体を引き伸ばしただけともいえるが、よくできている。もう少し売れてもよいと思うが、価格が割高なので致し方ないところであろう。

最近、このiにi－MiEVなる電気自動車ができた（補章参照）。家庭用電源からの一回の充電で、一六〇キロメートル走るという。まったくの無公害車であるが、まだ価格が高く、果たしてどれくらい普及するであろうか。

三　スバルとスバル車の品格

スバル（富士重工）の前身は、旧中島飛行機である。戦時中の戦闘機、隼《はやぶさ》・鐘馗《しょうき》・疾風《はやて》などで知られる中島飛行機は、戦後富士重工や後にプリンス自動車となる富士精密などに分割された。富士重工はその後、スクーターやスバル・ブランドの自動車をつくり、今では鉄道車両や航空機までも生産する重工業会社に発展している。元が飛行機メーカーなので独自の技術力を持つ。

その自動車メーカーとしてのスバルの名をまず高めたのが、一九五八（昭和三三）年に発売された軽乗用車スバル３６０であった。このクルマもかの「国民車育成要綱」に基づいている。

スバル360は、ルーフをプラスチックスにした軽い車体に、サスペンションは珍しいトーション・バー（ねじり棒）を用い、フワフワした乗り心地の面白いクルマであった。エンジンは、リアに積んだ2サイクル空冷2気筒の非力なもので、急坂などでは苦労した。そしてさらに、スバルの技術力を見せつけたのが、一九六五（昭和四〇）年に発売されたスバル1000であった。

このクルマは、当時のこのクラスには目新《まあたら》しいFFで、しかも4気筒水平対向エンジン（フラット4）を搭載していた。この辺りは、いかにも飛行機エンジニアがつくったクルマらしい。デザインも上品で、根強い人気を誇った。翌年出たサニー1000、カローラ1100に押されながらもよく健闘した。ただし、この両者に比べて整備がし難いのが欠点であった。そして、水平対向エンジンは、その形状から別名ボクサー・エンジンとも呼ばれ、スバルの伝統となってゆく。

スバル1000は、その後スバル1300Gとなり、さらにレオーネ、レガシィへと変化を遂げ、今日に至っている。また、スバルは早くから乗用車に四輪駆動を採り入れたメーカーでもあり、これもスバルの伝統となっている。

現在、レガシィには、そのSUV版であるフォレスターとミニヴァン版のエクシーガがあり、レガシィの下には、WRC（世界ラリー選手権）で活躍してきたインプレッサがある。

一方、軽乗用車部門でもスバルは、4気筒DOHCエンジン、スーパーチャージャー、CVT（無段変速機）を組み合わせたパワー・トレイン（エンジンから駆動系まで）の独自の技術を持っており、現在、R2やクーペ・タイプのR1の特定グレードに載せられている。この他の軽乗用車には室内空間を重視したステラがある。

二〇〇五（平成一七）年一〇月、スバルの筆頭株主が経営不振のGMからトヨタに変わり、スバルは段階的に軽自動車から撤退し、ダイハツからOEM供給を受けることはすでに触れた。

それにしても、スバルにはデザイン力がない。レガシィにせよインプレッサにせよ、どこか田舎臭い。もう少しスバルの技術を感じさせるボディ・デザインにできないのだろうか。軽乗用車R2も、アンチ・ミニヴァン的軽乗用車という意欲は買うが、その中途半端なボディ・デザインとパッケージングで失敗している。どうせ後席を狭くするのなら、もう少し車高を下げてスマートにしてもよかったのではないだろうか。R1も、わざわざ全長を詰めて不恰好にしなくても、全長をフルに使ったR2のスポーツ・クーペ版にすればもっと多く売れたであろう。

こういう次第だから、スバル車の品格といっても困ってしまう。それでも、スバルがある程度のブランド力を保持しているのは、購買層が先に述べたスバルの独自技術と昴《すばる》を表す伝統の「六連星」のエンブレムに憧れるからであろう。新しいレガシィのボディ・デザインも、平凡な上にいささかプロポーションが崩れている。一体、なぜなのだろう。

四　スズキとスズキ車の品格

スズキは今、軽自動車メーカーから普通自動車メーカーへ脱皮しようと、しきりにもがいており、そしてそれは、徐々に成功しつつあるように見える。まず、コンパクトカーのスイフトとＳＵＶのエスクードが順調に売れているし、ＳＵＶとコンパクトカーをクロス・オーヴァーしたようなＳＸ４と提携先の日産からミニヴァンのセレナのＯＥＭ供給を受けたランディを新たに投入した。ＳＸ４にはセダン版も追加された。ヨーロッパ市場向けのコンパクトカー・スプラッシュも新たに投入し、態勢を強化した。

ホンダと同様、スズキも元は二輪車メーカーとして出発した会社であり、四輪車部門でまず名をはせたのが、一九六七（昭和四二）年に、コークボトル・スタイルに一新されたフロンテ３６０であり、奇《く》しくも同年に出たホンダＮ３６０と競合することになる。このフロンテは、その名からＦＦと思われるかもしれないが、２サイクル空冷３気筒エンジンをリアに積んだ正反対のＲＲ（リアエンジン・リアドライヴ）車である。一九七一（昭和四六）年には、フロンテ・クーペをも発売する。

スズキの現会長兼社長・鈴木修は、本田宗一郎にも匹敵するような立志伝中の人物で、非常にアイディア・マンでもある。彼のスズキにおける影響力は非常に大きく、スズキは斬新なアイディアの軽自動車を次々と発売する。

一九七九（昭和五四）年には、アルトをあえて乗用車ではなく税金の安い商用車として四七万円の低価格で売り出し、世間を驚かせた。また一九九一（平成三）年には、軽自動車の規格でありながら、FRの本格的スポーツカーのカプチーノを発売した。このクルマは、スポーツカーとして実によくできた構造を持っており、加速が鋭く、かつ運転が楽しいクルマである。同時期の軽乗用スポーツカーで、ミッドシップ・エンジンのホンダ・ビートと人気を二分した。

さらに一九九三（平成五）年には、車高の高いミニヴァン的なワゴンRを発売し、それ以降の各メーカーの軽乗用車のパッケージングに多大な影響をもたらした。ドアも右側一枚、左側二枚と合理的に割り切っていた。とにかく、軽乗用車で室内空間をかせぐためには、車高を高く取ればよいということを初めて各メーカーに教えたクルマである。この功績は大きい。スズキは現在、軽乗用車としてはアルト、ワゴンRの他、MRワゴン、ラパン、セルボ、パレットなど、ユニークなクルマを世に送り出している。

軽自動車は寸法が限定されているので、品格のあるデザインのクルマをつくるのが非常に難しい。ラパンは二〇〇八年、キープ・コンセプトでモデル・チェンジされたが、いかにも女性におもねったクルマで、品格があるとはとてもいえない。アルト、MRワゴンなどは、悪くいえば子供が描いたようなデザインのクルマである。やはり、女性受けを狙ったのであろう。ワゴンRも二〇〇八年、キープ・コンセプトでモデル・チェンジされ、内外装ともシンプルかつプレーンでとても品がよいが、どうしてもミニヴァン的なスタイルが気になってしまう。

それに対して、新しいセルボは小さなボディにしてはどこか風格を感じるよいデザインで、他の軽乗用車とは一線を画している。筆者がもっと高齢であれば、買ってもよいなと思わせるところがある。また、普通乗用車の中から品格のあるクルマを選ぶとすれば、スイフトを挙げておこう。スイフトは、何の変哲もないコンパクトカーに見えるかもしれないが、ヴィッツやマーチなどとも違うそれなりに上品なデザインである。スイフト・スポーツは、いかにも速そうだが、少々下品になっているところが惜しい。

五　ダイハツとダイハツ車の品格

ダイハツは、もともとオート三輪車のメーカーであり、小型三輪車のミゼットなどが有名であったが、現在では、ほぼ軽自動車専業メーカーの立場にあり、一九九八（平成一〇）年以来、トヨタの傘下にある。したがって、無理をして普通乗用車メーカーになろうと焦る必要は当面ない。実際、トヨタのコンパクトカーのパッソ（ダイハツ名＝ブーン）などはダイハツがつくっている。しかし、ダイハツが四輪車部門に乗り出した一九六〇年代には、同社は普通乗用車メーカーを目指していたようである。

まず一九六四（昭和三九）年、ダイハツは普通乗用車コンパーノ・ベルリーナ800を発売する。このクルマは、イタリアのカロッツェリアであるアルフレド・ヴァニアーレ社（Alfredo Vignale S.p.A.）にデザインを依頼した。イタリア車的な非常に上品なクルマであった。翌年には、オープン・モデルのコンパーノ・スパイダー（九五八cc）も追加する。しかしながら、これらの売れゆきは芳しくなく、一九六六（昭和四一）年、同社初の軽乗用車フェローを世に出す。FRで四輪独立懸架であった。このクルマは、一九七〇年にはフェローMAXへと発展し、FRはFFへと変わり、性能も大幅に向上された。そして、こうした軽自動車の技術をベースに、一九七七（昭和五二）年、再び普通乗用車に挑戦し、車体の地面への投影面積が五平方メートル（五へーべ・カーと呼んだ）の小型車シャレードを世に問うた。

シャレードは、FF、3気筒、一〇〇〇ccで、現在のコンパクトカーの先駆けとなるようなクルマであり、大層人気となった。後にはクーペ・モデルも出た。しかし、その後のモデル・チェンジのたびごとに人気は下がっていった。YRVなどの追加的な普通乗用車も、今ひとつ売れゆきが悪かった。

そこで、ダイハツは軽乗用車を再びメインに据え、売れ筋のムーヴを始め、ミラ、タント、ソニカ、エッセなど多くの軽乗用車を世に送り出している。二〇〇八年には、スズキを抜いて、軽自動車販売台数第一位となった。

現在のダイハツの軽乗用車の中で品格という点で筆頭に挙げるべきクルマは、何といってもスポーツカーのコペンであろう。コペンは、FFでありながら本格的なスポーツカーである。小さなボディにアクティヴ・トップと呼ぶ電動開閉式のルーフを備える。スポーツカーでありながら、気張ったところがなく、おっとりした雰囲気がとてもよい。手づくり的な部分も多く、よくつくったものである。このコペンも、間もなく二代目となるかもしれない。

その他のダイハツの軽乗用車の中から品格のあるクルマを探してはみたが、どう考えても思い浮かばない。ムーヴについても散々考えてみたが、品格という点では今ひとつ推すのを躊躇してしまう。タントなどは、「便所の百ワット」のように不必要に背が高いけれども、結構売れているのであろう。

六　かつてのいすゞ・日野といすゞ車・日野車の品格

日本の乗用車メーカーとそのクルマの品格を論評する上で、いすゞ自動車（以下、いすゞと略称）と日野自動車（以下、日野と略称）の果たした役割は避けて通れない。

いすゞは、一九三七（昭和一二）年に設立され、戦後の一九四九（昭和二四）年、現在の社名に改称された老舗であり、かつてはトヨタ、日産と並んで「自動車御三家」と呼ばれた。トラック・バス事業が多くを占めるため、社風は質実剛健である。

一九五〇年代は、イギリスのヒルマンから技術導入してヒルマン車（ヒルマン・ミンクスなど）をつくっていたが、一九六〇年代に入ると、まず一九六一（昭和三六）年のクラウン・クラスでありながらモダーンなベレルを皮切りに、スポーティ・セダンのベレット、ベレットGT、広い室内空間を持つセダンのフローリアンなどを発売していった。とりわけ、いすゞのクルマには、乗用車用のディーゼル・エンジンに特徴があった。

一九七一（昭和四六）年、GMと資本参加を含む全面提携をすると、GMのグローバル・カー（国際共同車）のジェミニやアスカをつくっていった。とりわけ、ジェミニは非常に上品なクルマであった。そして、これらをベースにイタリアの有名な天才的カー・デザイナーであるジョルジェット・ジウジアーロ（Giorgetto Giugiaro）がデザインを手がけた117クーペ、初代ピアッツァを送り出した。これらのクルマは、ただただ美しいのひと言に尽きる。

特に、一九八一（昭和五六）年に出た初代ピアッツァについては、これまでの中で、最も美しい日本のクルマだと筆者は思う。ボンネットからフロント・ガラスにかけてのラインが妖艶《ようえん》で何ともいえない。エンジン、駆動系、サスペンションが旧いジェミニやアスカのものの流用だったので、クルマ好きからは高い評価は得られなかったにせよ、とにかく品格の塊のようなクルマであった。

しかし、いすゞの販売力の脆弱さはいかんともし難く、一九九一（平成三）年に赤字に転落し、乗用車生産からの撤退を決める。その後は、しばらくホンダやスバルからOEM供給（ドマーニ→ジェミニ、アコード→アスカ、レガシィ→アスカ）を受けていたが、今ではそれもやめている。なお、いすゞは現在トヨタと提携関係にある。

一方、日野は、一九五〇年代にはルノーから技術導入してルノー4CVをつくっていた。このクルマは、RRでキビキビとよく曲がる小型車で、タクシーの初乗り料金は六〇円であった。

日野は、この技術を活かして、一九六一（昭和三六）年、コンテッサ900という小型車を発売し、タクシーにも使われた。そして一九六四（昭和三九）年、これもイタリアの有名カー・デザイナーであるジョヴァンニ・ミケロッティ（Giovanni Michelotti）にデザインを依頼したコンテッサ1300とコンテッサ1300クーペを発売する。これらのクルマも実に流麗で美しく、非常に品格のあるクルマであった。双方ともRRで、ボディ架装もミケロッティ社に委託していたので、大量生産は無理だったのであろう。それにしても売り上げが伸びず、結局日野の乗用車はこれらが最後となる。惜しいことである。

なお、日野は一九六六（昭和四一）年、乗用車生産から撤退することを交渉条件に、トヨタと業務提携したのであって、現在は完全にトヨタの傘下にある。

補章 「日本車」の品格——将来展望——

本書では、以上のように、「日本車」の品格とは、要するにトヨタのクルマの「品格」の派生・普及過程であることを強調した。このことは、トヨタが国内最大のシェアを有しているのだから、ある意味で当然といえば当然である。日産以下他のメーカーは、否応なくトヨタに追随せざるを得なかった。

かくして、日本中に同じような保守的で凡庸なクルマが溢れることとなった。それから外《はず》れるようなクルマはあまり売れなかった。消費者（日本人）は、かつて自らトヨタ車を支持し、そのような状況をつくり出しておきながら、現金なものでそろそろそういった状況にうんざりしている。日本のクルマはどれを買っても同じだといい、クルマなんか所詮「白物家電」と同じだという（クルマのコモディティ化）。一体、消費者（日本人）自らの責任はどこへいってしまったのだろうか。そして、急速にクルマは売れなくなった。似たような保守的で凡庸なクルマしか知らない最近の若者に、クルマに興味を持てというほうが酷であろう。「若者のクルマ離れ」が起きるのも当然である。最近、国内でクルマが売れなくなった理由は、単にアメリカの金融不安に端を発する急速な景気の冷え込みだけではない。もっと本質的な理由があるのである。

しかしながら、日本の自動車メーカー各社は、とうにそのことに気づいている。元凶のトヨタでさえ、どう方向転換しようかと悩んでいる。トヨタほどの巨艦になるとそう簡単に操舵するのは難しいから、なかなか方向転換ができない。トヨタ以外の各メーカーは、いかに「トヨタの呪縛」から脱して、独自性のあるブランドと品格のあるクルマをつくり、またそうしたメーカーとなり得るかを模索している。日産は、前述したように、トヨタを意識し過ぎて何をやっているのかよく分からないところがあるが、その他のメーカーは、変わり身の速いホンダを筆頭に、割と身軽に方向転換できる。その典型がマツダである。最近のマツダのスポーティ路線には、目を見張るものがある。

ブランドというこれも曖昧な言葉の厳密な定義は、マーケティング関係の学者に任せるとして、ここではブランドとは、特定の商品（製品）もしくはそれをつくったり売ったりしているメーカーやショップに対する消費者の「思い入れ」と定義しておこう。これらの「思い入れ」の総体が、その商品やメーカーなどのブランドなのである。ブランドという言葉と品格という言葉は、密接な関係がある。つまり、消費者が特定の商品なりメーカーなりにある種の品格を感じるからこそ、そこにブランドが成立するのである。

また、品格やブランドは、そのメーカーの歴史と伝統とも大いに関係がある。日本の高額所得者がロールスロイスは別格としても、なぜベントレー、メルツェデス、ジャグアといったクルマに乗りたがるのか。そこには、戦前からの高級車という厳然たる歴史と伝統があるからである。そうした歴史的時間差は、日本のメーカーがどう逆立ちしても物理的に追いつくことはできない。それらのクルマには、歴史と伝統を背負った品格がある。それに対して、日本のクルマはかの一九五五（昭和三〇）年から数えたら、たかだか五〇有余年の歴史しかないのである。ただし、その歴史的時間差は、年月が経つにつれて相対的に小さくなることは確かではあるが。そして、ヨーロッパ車の中には歴史が比較的浅いにも拘らず、この日本でも高級車として認知されているクルマがある。ドイツのBMWやアウディなどがそうである。アメリカにも、GMのキャデラックとかフォードのリンカーンのような高級車が存在するが、かつてはそのボディ・サイズが異常に大きく、日本のクルマとは直接比較ができなかったし、日本での人気も今ひとつである。しかし、日本のクルマとそのメーカーは、よくもこの短い期間にヨーロッパの自動車先進国に追いついた。日本のメーカーの品質管理は厳格であり、軽自動車を含めてクルマの信頼性は高い。クルマの性能もそれなりに高く、おそらくコスト・パフォーマンスで考えたら世界一といってよい。今や、トヨタのレクサスLSなどは、メルツェデスのSクラスとよい勝負であろう。生産終了となったが、ホンダの高級スポーツカーであるNS-Xなどは、ボディ・デザインはともかく、性能・機能面では当時のフェラーリに匹敵した。

さらに、クルマの品格を決める大きな要素は、そのメーカーのデザイン力である。クルマにとって、ボディ・デザインやインテリア・デザインがいかに重要であるかについては、第一章で詳説した。腕のよいデザイナーをどれくらい多く抱えられるか、また重役たちがデザイナーのデザインをどれくらい正当に評価してくれるかが、そのメーカーの命運を決めるといっても過言ではない。日産が中村史郎をいすゞから招聘したのも、まさにその点からである。

日本のクルマのデザインは、確かによくはなった。トヨタ車のデザインも、いまだ多くは保守的で凡庸なことに変わりはないが、それなりに洗練されてきた。日産以下の各メーカーも、「トヨタの呪縛」から脱すべく、トヨタ車的でないクルマを世に送り出している。しかし、いまだに個性あるデザイン、エスプリあるデザインのクルマはそれほど多くはない。これは、例えばフランスのプジョー、イタリアのアルファロメオなど多くのヨーロッパ車と比べれば、その差は歴然としている。もう少しユニークでアヴァンギャルド（前衛的）なクルマが増えてもよいように思える。再三いうようだが、別にそういうクルマが品格に欠けるということはないのだから。

しかし、日本のメーカーは、トヨタのマーケティングに典型的なように、おしなべてユニークでアヴァンギャルドなデザインには慎重である。それは、メーカーが日本の消費者（日本人）、とりわけ地方の人びとはそういうデザインを受け入れないだろうと考えているからである。しかし、日本人のクルマに対する意識は確実に変わりつつある。だからこそ、日本のクルマは「白物家電」などといわれるのである。

そして、クルマの品格について重視しなければならない問題は、各メーカーが現在販売しているクルマに、次世代動力あるいは次世代自動車の片鱗をどのくらい見せているかということである。この面では、日本は世界の先頭を走っている。すでに、トヨタとホンダがハイブリッド車の普及に実績を持ち、ホンダの燃料電池車も遠からず普及が開始される。電気自動車も日産がその普及に自信を見せている。唯一日本で普及が遅れているクルマといえば、それはディーゼル・エンジン乗用車であろう。これは、日本人の偏見とまではいわないが、ディーゼル・エンジンに対する特殊な意識によるところが大きい。

これらの動力あるいはクルマは、地球環境の改善に役立ち、そのことだけでも何かしらの品格があるといわなければならない。各メーカーは、自信と誇りを持って、これらの次世代型のクルマを世界に広めていってもらいたい。

それでは、本書の最後に「日本車」の品格について、その将来の展望を各メーカー別に考えてゆくことにしよう。

まず、トヨタである。トヨタは今、転換点にある。急速な景気後退による業績悪化に対する対応はもちろんのこと、そろそろトヨタ一流の日本人のメンタリティ（心理的性向）の徹底的な分析に基づいたマーケティングが、転換点に差しかかっているということである。それは、「日本人の、日本人による、日本人のためのクルマ」づくりが、まだそれでよいのかということである。

カローラ―プレミオ／アリオン―マークX―クラウンと続く、保守的で凡庸なクルマのラインナップは、抜本的に見直される時期にきている。これらのクルマは、本当に面白くも可笑しくもないクルマである。とりわけ、マークXやクラウンの品格「めいた」風体はどうにかしなければならない。クラウンはあれ以上、どうするつもりなのか。あの方向でこれから何十年もつくり続けるつもりなのか。クラウンは、普通の中型車であった、かのRS型の原点に返るべきである。そして、ボディ・デザインを抜本的に見直すべきである。例えば、極端かもしれないが、マツダのアテンザのような方向性を一度見習ってもよいのではないか。カローラについても同様なことがいえるだろう。カローラも、保守的で凡庸なまったくつまらないクルマである。何とかしなければならない。ここでも、マツダのアクセラのような方向性もあるのだといっておこう。

レクサス車は、確かにLSを筆頭に品格がある。価格が高いのだから、品格がないなどといったら、購入者が怒るであろう。しかし、レクサスというブランドは、前述したように、日本人の間にいまだ定着しているとはいい難い。

トヨタが、国内市場シェア第一位のメーカーとして、マーチャンダイジング（商品企画）に慎重になるのはよく分かる。しかし、消費者（日本人）の意識も変化の兆しを見せている今、このままではいずれゆき詰まる時が訪れるであろう。

日産は、何をやっているのかさっぱり分からない。自らをどういうメーカーにしたいのか。おそらく、社内でもコンセンサスができていないのであろう。だから、ブランドがなかなか身につかない。GT‐R、フェアレディZ、シーマ、フーガ、スカイライン、ティアナ、シルフィ、ティーダ、ノート、マーチ、その他ミニヴァン群、SUVなどと、クルマの弾数は多い。しかし、ただそれだけなのである。よい意味でも悪い意味でも、全体に統一感がない。

よい意味では、それぞれのクルマが個性を発揮できる。中には、前述したように、ティアナ、ティーダのような品格のあるクルマも存在する。ただし、いくつか問題点もあるといわなければならない。

例えば、シーマの自動運転システムは大したものであるが、シーマ、フーガ、そしてスカイラインのような高級FR車は、その発想を抜本的に変えるべきである。シーマ、フーガは、クラウン「もどき」の似非《えせ》品格グルマであることをもうやめて、かつてのレパードJ・フェリーのような都会的でカジュアルな高級車として、再挑戦してみてはどうだろうか。シーマとフーガは、もはや統合してしまってもよい。スカイラインは、レクサスISやマークXに対抗するようなラグジャリアス路線は捨て、R32型のようなスポーティ・サルーンの精神に立ち返る必要がある。中級FF車のシルフィは、ミニ・フーガであることをやめ、独自の個性を打ち出さなければならない。

悪い意味では、日産車の全体のイメージはと聞かれた場合、それが霧に包まれてよく見通せないということである。これが先ほどのブランドの希薄につながっている。何もメルツェデスのスリー・ポインテッド・スターのようなエンブレムをつけろとか、BMWの二つに分かれたフロント・グリルのようなグリルにしろといっているのではない。何か遠目にも日産車だなと分かるアイデンティティが必要だといっているのである。日産の優秀な技術陣に、この点をよく考えてもらいたい。

日産は、次世代動力車の分野でトヨタ、ホンダのハイブリッド車に遅れを取った。何をしているのかともどかしく思っていたら、前述のように、密かにリーズナブルで実用的な電気自動車を開発していた。これで、一挙にトヨタ、ホンダの先に出ようというのであろう。ハイブリッド車対電気自動車という競争の構図は面白い。

本書の最終校正段階の二〇〇九（平成二一）年八月初旬、この電気自動車リーフが日産から発表された。ボディ・デザインは、正直に申して面白くも可笑しくもない何の変哲もないクルマである。日産としては、無難な線を狙ったのであろう。しかし、これでは横にプリウスやインサイトに並ばれたら、購入者はどういう思いをするであろうか。もう少し、次世代のクルマとしての品格を期待していたのであるが。

スポーティ・イメージの強かったホンダは、今やミニヴァン・メーカーの様相を呈している。ブランドのリーダー・カーとしての純然たるスポーツカーは、ホンダから消え去った。いくら「スポーツカー冬の時代」とはいえ、ホンダがそれでよいのだろうか。もしかすると、ホンダにとって、スポーティというブランドはもはや過去の遺物になったのかもしれない。スポーティよりも、これからは環境対策ということなのだろう。

ホンダにとって一番問題なのは、アコード（国内仕様）やシビックといった中〜小型のセダンをどうするのかである。アコード、シビックともに、そのボディ・デザインは保守的で凡庸である。トヨタのマークをつけてもよいくらいである。特にシビックのカローラ「もどき」はいかんともし難い。品格があるともいえない。アコード、シビックがもっとユニークで魅力的になれば、ホンダの競争力は格段に向上する。フィットでできたことが、なぜそれより大きいクルマではできないのだろう。筆者がかくいうのも、トヨタへの対抗馬としてのホンダに少なからず期待しているからである。

最近のマツダのスポーティ路線には驚かされる。スポーティ・ブランドのホンダのお株をすっかり奪ってしまった。一部の車種を除き、出るクルマ、出るクルマ、どれもスポーティである。デミオ、アテンザ、アクセラみな然りである。しかも、デミオ、アテンザにはある種の品格さえ漂う。アクセラは少しやり過ぎて、多少下品になってしまったのは残念ではあるが。

マツダの足を引っ張るだけ引っ張ったロータリー・エンジンは、そろそろやめる決断を迫られているのではないだろうか。現在、唯一同エンジンを積んでいるRX－8は品格のあるスポーツカーではあるが。ロータリー・エンジンには、燃費、排ガスの他にもうひとつの問題がある。それは、低回転時のトルクが細いことである。このため、慣れない人がRX－8などに乗ると、低速の時エンストばかり起こしてしまう。

また、マツダは新しいアクセラとミニヴァンのビアンテに、i－stopというシステムを採用した。これは、交差点などでクルマが停止した際、瞬時にエンジンが停止し、走り出そうとアクセルを踏むと、瞬時にエンジンが動き出すというものである。要するに、アイドリング・ストップを電子制御的に行うもので、とてもよいシステムである。市街地走行が多いクルマには効果的であろう。このマツダにトヨタがハイブリッド・システムを供与するという話がある。日本の自動車業界の合従連衡は複雑怪奇である。

なお、マツダは昔から「値引きのマツダ」として有名である。購入者には一見有り難いのだが、乗り換える時、中古車市場に出すと買い叩かれるので、結局再びマツダのクルマを買うことになる。巷間、このことを「マツダ地獄」と呼んでいる。マツダは、スポーティで品格のあるクルマを輩出しているのだから、もうそろそろ、こういうことはやめたほうがよいのではないだろうか。

三菱には、軽乗用車のｉ（アイ）以外に、見るべきクルマがない。品格以前の問題である。ｉには、ｉ－ＭｉＥＶと呼ぶ電気自動車版があるが、実験車的性格が強く、三〇〇万円を超える価格とあっては、誰も買う人はいないだろう。ギャランフォルティス、ランサーなどは抜本的に見直さないと、本当に三菱は危ない。

スバル（富士重工）は、トヨタの傘下に入り、デザイン力が強化される可能性が考えられる。しかし、同じトヨタ傘下のダイハツの例でも分かる通り、トヨタは基本的に傘下の企業の自主性・自律性を重んじている。したがって、急速にスバルのデザインがよくなることはないかもしれない。おそらく、この効果はクルマの共同開発などを通じ、徐々に浸透してゆくものと期待される。スバルの独自の技術が魅力的なスキンをまとったら、これまでにない強力なクルマができるであろう。

普通乗用車メーカーに脱皮しようとしているスズキは、おそらくそれに成功するのではないだろうか。スズキは、意外とデザイン力を持ったメーカーである。スズキは、自らを「小型車メーカー」と位置づけているが、それは当面ということであって、本心なのかどうかは疑問である。スズキが次に狙っているのは、実はスイフト、スプラッシュ、SX4などより上のクラスの普通乗用車と想定できる。これまで斬新なアイディアで世間を驚かせてきたスズキは、他のメーカーとはまったく異なる、スズキ一流のアイディアに溢れたユニークな品格のあるクルマを出し、久かたぶりにまた世間を驚かせてほしい。

トヨタ傘下のダイハツは、今のところ、トヨタの軽自動車部門のような存在となっている。ダイハツの本意がそこにあるかどうかは別として、軽自動車の規格内で品格のあるクルマをつくることが難しいのはよく分かる。しかし、ダイハツには品格のある軽乗用スポーツカーのコペンのような例もある。これから、ダイハツの軽自動車は、スバル・ブランドのクルマとしても走り出す。つまり、ダイハツのマーケットはさらに広がるわけで、軽自動車販売第一位のダイハツには、その責任からも、ぜひ品格のある軽自動車というものを考え出してもらいたい。

以上、「日本車」の品格について、その将来展望を各メーカーごとに考えてきたが、国外要素として、このところ中国や韓国など、自動車新興国が日本を猛追している。しかし、日本は「モノづくり」の国である。アセンブリー（組み立て）メーカー、部品メーカーともにその技術力は非常に高い。そう易々とそれらの新興国に、現在の地位を空け渡すことはないだろう。とりわけ、品格のあるクルマというものは、それほど簡単につくれるものではない。

それでは、日本の自動車メーカーの今後の健闘を祈りつつ、本書執筆の筆を置くことにしたい。

【参考文献】（順不同。一部の例外はあるが、雑誌、新聞、ホームページなどは除く）

第一章　クルマの品格の概念

伊藤欽次『トヨタの品格——The Dignity of Toyota Motor Corp.——』洋泉社、二〇〇七年
オールウド／アンデソン／ダール、公平珠躬／野家啓一訳『日常言語の論理学』産業図書、一九七九年
W・G・ライカン、荒磯敏文／川口由紀子／鈴木生郎訳『言語哲学——入門から中級まで——』勁草書房、二〇〇五年
大庭健『はじめての分析哲学』産業図書、一九九〇年
森田邦久『科学とはなにか——科学的説明の分析から探る科学の本質——』晃洋書房、二〇〇八年
平山弘『ブランド価値の創造——情報価値と経験価値の観点から——』晃洋書房、二〇〇七年
恩蔵直人『競争優位のブランド戦略——多次元化する成長力の源泉——』日本経済新聞社、一九九五年
博報堂ブランドコンサルティング『図解でわかるブランドマーケティング——』日本能率協会マネジメントセンター、二〇〇〇年
ブレイン　ゲイト『図解でわかるブランディング』日本能率協会マネジメントセンター、二〇〇二年

第二章　耐久消費財としてのクルマ

有沢広巳監修、山口和雄他編『日本産業史　1』日本経済新聞社、一九九四年
有沢広巳監修、山口和雄他編『日本産業史　2』日本経済新聞社、一九九四年

高村寿一／小山博之編『日本産業史　3』日本経済新聞社、一九九四年
高村寿一／小山博之編『日本産業史　4』日本経済新聞社、一九九四年
有沢広巳監修、安藤良雄他編『昭和経済史　上――恐慌から敗戦まで――』日本経済新聞社、一九八〇年
有沢広巳監修、安藤良雄他編『昭和経済史　下――復興から石油ショックまで――』
日本経済新聞社、一九八〇年
飯田経夫他『現代日本経済史――戦後三〇年の歩み――上』筑摩書房、一九七六年
飯田経夫他『現代日本経済史――戦後三〇年の歩み――下』筑摩書房、一九七六年
小宮和行『自動車はなぜ売れなくなったのか』PHP研究所、二〇〇九年
恩蔵直人『コモディティ化市場のマーケティング論理』有斐閣、二〇〇七年
日刊自動車新聞社／(社)日本自動車会議所共編『自動車年鑑　二〇〇八―二〇〇九年版』
日刊自動車新聞社、二〇〇八年

第三章　日本の自動車産業の変遷

GP企画センター編『日本自動車史年表』グランプリ出版、二〇〇六年（＊1）
佐々木烈『日本自動車史――日本の自動車発展に貢献した先駆者達の軌跡――』三樹書房、二〇〇四年
佐々木烈『日本自動車史II――日本の自動車関連産業の誕生とその展開――』三樹書房、二〇〇五年
日本経済新聞社編『俺たちはこうしてクルマをつくってきた――証言・自動車の世紀――』
日本経済新聞社、二〇〇一年
桂木洋二『日本における自動車の世紀――トヨタと日産を中心に――』

グランプリ出版、一九九九年（＊2）
徳大寺有恒『ぼくの日本自動車史』草思社、一九九三年（＊3）

第四章　現在の自動車業界

GP企画センター編、前掲20
下川浩一『グローバル自動車産業経営史』有斐閣、二〇〇四年
『大車林――自動車情報事典』三栄書房、二〇〇三年
土屋勉男／大鹿隆／井上隆一郎『アジア自動車産業の実力――世界を制する「アジア・ビッグ4」をめぐる戦い――』ダイヤモンド社、二〇〇六年
土屋勉男／大鹿隆『最新　日本自動車産業の実力――なぜ自動車だけが強いのか――』ダイヤモンド社、二〇〇二年

第五章　強大トヨタとトヨタ車の品格

ジェフリー・K・ライカー、稲垣公夫訳『ザ・トヨタウェイ　上』日経BP社、二〇〇四年
ジェフリー・K・ライカー、稲垣公夫訳『ザ・トヨタウェイ　下』日経BP社、二〇〇四年
ジェフリー・K・ライカー、稲垣公夫訳『ザ・トヨタウェイ実践編　上』日経BP社、二〇〇五年
ジェフリー・K・ライカー、稲垣公夫訳『ザ・トヨタウェイ実践編　下』日経BP社、二〇〇五年
ミシェリン・メイナード、鬼澤忍訳『トヨタがGMを越える日――なぜアメリカ自動車産業は没落したの

か――』早川書房、二〇〇四年
H・トーマス・ジョンソン／アンデルス・ブルムズ、河田信訳『トヨタはなぜ強いのか――自然生命システム経営の真髄――』日本経済新聞社、二〇〇二年
小栗照夫『豊田佐吉とトヨタ源流の男たち』新葉館出版、二〇〇六年
佐藤正明『ザ・ハウス・オブ・トヨタ――自動車王豊田一族の百五十年――』文藝春秋、二〇〇五年
日本経済新聞社編『トヨタ式――孤高に挑む「変革の遺伝子」――』日本経済新聞社、二〇〇五年
野村耕作『神谷正太郎論』ライフ社、一九七九年
鈴木敏男／関口正弘『裸の神谷正太郎――先見と挑戦のトヨタ戦略――』ダイヤモンド社、一九七〇年
溝上幸伸『トヨタが世界一になる日』ぱる出版、二〇〇五年
西村克己『トヨタ力――カネを生み続けるカネの使い方――』プレジデント社、二〇〇五年
田中正知『考えるトヨタの現場』ビジネス社、二〇〇五年
若松義人『トヨタ流仕事の哲学』PHPエディターズ・グループ、二〇〇五年
渡辺陽一郎『だからトヨタ車は凄い！！』三推社／講談社、二〇〇三年
梶原一明『トヨタウェイ――進化する最強の経営術――』ビジネス社、二〇〇二年
星川博樹『目で見てわかるトヨタの大常識』日刊工業新聞社、二〇〇二年
日野三十四『トヨタ 経営システムの研究――永続的成長の原理』ダイヤモンド社、二〇〇二年
柴田昌治／金田秀治『トヨタ式最強の経営――なぜトヨタは変わり続けるのか――』日本経済新聞社、二〇〇一年
大野耐一『トヨタ生産方式――脱規模の経営をめざして――』ダイヤモンド社、一九七八年
三戸節雄／廣瀬郁『大野耐一さん「トヨタ生産方式」は21世紀も元気ですよ』清流出版、二〇〇七年

門田安弘『トヨタプロダクションシステム――その理論と体系』ダイヤモンド社、二〇〇六年
岩城宏一『実践トヨタ生産方式――人と組織を活かすコスト革命――』日本経済新聞社、二〇〇五年
小谷重徳『理論から手法まできちんとわかるトヨタ生産方式』日刊工業新聞社、二〇〇八年
佃律志『図解でわかる生産の実務・トヨタ生産方式』日本能率協会マネジメントセンター、二〇〇六年
トヨタ生産方式を考える会『トコトンやさしいトヨタ生産方式の本』日刊工業新聞社、二〇〇四年
山本哲士／加藤鉱『トヨタ・レクサス惨敗――ホスピタリティとサービスを混同した重大な過ち――』ビジネス社、二〇〇六年
長谷川洋三『レクサス――トヨタの挑戦――』日本経済新聞社、二〇〇五年

第六章　日産の敗因とその帰結

GP企画センター編、前掲＊1
上杉治郎『日産自動車の失敗と再生――日本人ではなぜ再建できなかったのか――』KKベストセラーズ、二〇〇一年（＊4）
徳大寺有恒『間違いだらけのクルマ選び　最終版』草思社、二〇〇六年（＊5）
徳大寺有恒『自動車産業進化論――日産革命が変えたメーカーたちの世界戦略――』光文社、二〇〇一年（＊6）
徳大寺有恒『日産自動車の逆襲――世界再編成と四百万台クラブの真実――』光文社、一九九九年（＊7）
徳大寺有恒、前掲＊3

桂木洋二、前掲＊2
佃義夫『トヨタの野望、日産の決断――日本車の存亡を賭けて――』ダイヤモンド社、一九九九年
丸山惠也／藤井光男『トヨタ・日産――グローバル戦略にかけるサバイバル競争――』大月書店、一九九一年

第七章　日産の再生（？）と日産車の品格

「日産が危ない？ ゴーン大反論」『週刊ダイヤモンド』（二〇〇七／六／九）ダイヤモンド社
松平智敬『日産が危ない――V字回復後の問題点を洗う――』エール出版社、二〇〇五年
増木清行『データで読み解く日産復活のヒミツ――企業成長・拡大の新方程式――』ぱる出版、二〇〇四年
峰如之介『いま、日産で起こっていること――躍進する企業の戦略と実行力――』ダイヤモンド社、二〇〇三年
カルロス・ゴーン、中川治子訳『ルネッサンス――再生への挑戦――』ダイヤモンド社、二〇〇一年
上杉治郎、前掲＊4
徳大寺有恒、前掲＊3
徳大寺有恒、前掲＊6
徳大寺有恒、前掲＊7
日本経済新聞社編『日産はよみがえるか』日本経済新聞社、一九九五年

藤谷文雄『日産が危ない』エール出版社、一九九五年
桂木洋二『プリンス自動車の光芒』グランプリ出版、二〇〇三年
新井敏記『片山豊 黎明』角川書店、二〇〇二年

第八章　ホンダ・その他のメーカーとクルマの品格

梶原一明監修『本田宗一郎の見方・考え方』PHP研究所、二〇〇七年
本田宗一郎研究室編『本田宗一郎——夢を力にするプロの教え——』アスペクト、二〇〇七年
本田宗一郎『スピードに生きる（新装版）』実業之日本社、二〇〇六年
「ホンダ大逆襲」『週刊 東洋経済』（2006／11／11）東洋経済新報社
小宮和行『ホンダ——夢を実現する経営——』PHP研究所、二〇〇五年
日経産業新聞編『ホンダ「らしさ」の革新——突き抜けたクルマづくり——』日本経済新聞社、二〇〇五年
岩倉信弥／岩谷昌樹／長沢伸也『ホンダのデザイン戦略経営——ブランドの破壊的創造と進化——』日本経済新聞社、二〇〇五年
石渡邦和『自動車デザインの語るもの』日本放送出版協会、一九九八年
御堀直嗣『ホンダ トップトークス——語り継がれる独創の精神——』アーク出版、二〇〇二年
片山修『ホンダの兵法』小学館、一九九九年
宮本喜一『マツダはなぜ、よみがえったのか？——ものづくり企業がブランドを再生するとき——』日経BP社、二〇〇四年

小林秀之『裁かれる三菱自動車』日本評論社、二〇〇五年
富士重工業株式会社 編集委員会編『富士重工業 技術人間史――スバルを生んだ技術者たち――』三樹書房、二〇〇五年
景山夙『スバルは何を創ったか――スバル360とスバル1000、〝独創性〟の系譜――』山海堂、二〇〇三年
高根沢一男『ダイハツがスズキを抜く日』エール出版社、二〇〇五年
GP企画センター編、前掲＊1
徳大寺有恒、前掲＊5

補　章「日本車」の品格――将来展望――

特になし。しいて挙げれば本書第一～八章までのすべての参考文献。

宇佐美洋一（うさみ・よういち）

1948年、東京都に生まれる。1971年、早稲田大学商学部卒業。1975年、早稲田大学大学院商学研究科博士課程中退。センチュリリサーチセンタ株式会社（現伊藤忠テクノソリューションズ株式会社）開発部研究員を経て、1982年、埼玉大学経済短期大学部助教授。1992年、埼玉大学経済学部助教授。1995年、同教授となり現在に至る。主担当科目は「現代産業論」。
主要著書には学術書では、単著に『現代日本の自動車産業とサービス産業』(成文堂)、共著に『経営学総論 第二版』(成文堂)、『経営学の国際的系譜』(成文堂)、『情報サービス産業白書1989』(コンピュータ・エージ社)、『情報サービス産業白書 1988』(コンピュータ・エージ社)など、また文芸書では、『ある大学教授と癒し犬チワワのチップ』(元就出版社)がある。

「日本車」の品格

二〇〇九年九月二八日 第一刷

著者 宇《う》佐《さ》美《み》洋《よう》一《いち》

発行人 浜 正史

発行所 元《げん》就《しゅう》出版社

〒171-0022 東京都豊島区南池袋四—二〇—九
サンロードビル2F・B
電話 〇三—三九八六—七七三六
FAX 〇三—三九八七—二五八〇
振替 〇〇一二〇—三—三一〇七八

装幀 唯野信廣

印刷 中央精版印刷

ISBN978-4-86106-181-3 C0030